国家出版基金项目
NATIONAL PUBLICATION FOUNDATION

· 中国海洋产业研究丛书 ·

侍茂崇 主编

U0349525

海水资源利用产业

发展现状与前景研究

石洪源　袁晓凡 ◎ 编著

SPM
南方出版传媒
广东经济出版社
· 广 州 ·

图书在版编目（CIP）数据

海水资源利用产业发展现状与前景研究／石洪源，袁晓凡编著
．—广州：广东经济出版社，2018.5
ISBN 978－7－5454－5581－6

Ⅰ．①海… Ⅱ．①石… ②袁… Ⅲ．①海水资源－综合利用－产业发展－研究－中国Ⅳ．①P74

中国版本图书馆 CIP 数据核字（2018）第 090002 号

出 版 人：李　鹏
责任编辑：周　晶　王越莹
责任技编：许伟斌
装帧设计：介　桑

海水资源利用产业发展现状与前景研究
HaiShui ZiYuan LiYong ChanYe FaZhan XianZhuang Yu QianJing YanJiu

出版发行	广东经济出版社（广州市环市东路水荫路 11 号 11～12 楼）
经销	全国新华书店
印刷	广州市岭美彩印有限公司 （广州市荔湾区花地大道南海南工商贸易区 A 幢）
开本	730 毫米×1020 毫米　1/16
印张	11.75
字数	200 000 字
版次	2018 年 5 月第 1 版
印次	2018 年 5 月第 1 次
书号	ISBN 978－7－5454－5581－6
定价	60.00 元

总序

preface

侍茂崇

　　2013年9月和10月习近平主席在出访中亚和东盟期间分别提出了"丝绸之路经济带"和"21世纪海上丝绸之路"两大构想（简称为"一带一路"）。该构想突破了传统的区域经济合作模式，主张构建一个开放包容的体系，以开放的姿态接纳各方的积极参与。"一带一路"既贯穿了中华民族源远流长的历史，又承载了实现中华民族伟大复兴"中国梦"的时代抉择。

　　海洋拥有丰富的自然资源，是地球的主要组成部分，是人类赖以生存的重要条件。它所蕴含的能源资源、生物资源、矿产资源、运输资源等，都具有极大的经济价值和开发价值。21世纪需要我们对海洋全面认识、充分利用、切实保护，把开发海洋作为缓解人类面临的人口、资源与环境压力的有效途径。

　　我国管辖海域南北跨度为38个纬度，兼有热带、亚热带和温带三个气候带。海岸线北起鸭绿江，南至北仑河口，长1.8万多千米。加上岛屿岸线1.4万千米，我国海岸线总长居世界第四。大陆架面积130万平方千米，位居世界第五。我国领海和内水面积37万~38万平方千米。同时，根据《联合国海洋法公约》的规定，沿海国家可以划定200海里专属经济区和大陆架作为自己的管辖海域。在这些

1

海域，沿海国家有勘探开发自然资源的主权权利。我国海洋面积辽阔，蕴藏着丰富的海洋资源。

自改革开放以来，中国经济取得了令人瞩目的成就。进入21世纪后，海洋经济更是有了突飞猛进的发展，据国家海洋局初步统计，2017年全国海洋生产总值77611亿元，比上年增长6.9%，海洋生产总值占国内生产总值的9.4%。同时，海洋立法、海洋科技和海洋能源勘测、海洋资源开发利用等方面也取得了巨大的进步，我国公民的海权意识和环保意识也大幅提高，逐渐形成海洋产业聚集带、海陆一体化等发展思路。但总体而言，我国海洋产业发展较为落后。而且，伴随着对海洋的过度开发，其环境承载能力也受到威胁。海洋生物和能源等资源数量减少、海水倒灌、海岸受到侵蚀，沿海滩涂和湿地面积缩减：种种问题的凸现证明，以初级海洋资源开发、海水产品初加工等为主的劳动密集型发展模式，已经不能适应当今社会的发展。海洋产业区域发展不平衡、产业结构不尽合理、科技含量低、新兴海洋产业尚未形成规模等，是我们亟待解决的问题，也是本书要阐述的问题。

海洋产业有不同分法。

传统海洋产业划分为12类：海洋渔业、海洋油气业、海洋矿业、海洋船舶业、海洋盐业、海洋化工业、海洋生物医药业、海洋工程建筑业、海洋电力业、海水利用业、海洋交通运输业、海洋旅游业。

有的学者根据产业发展的时间序列分类：传统海洋产业、新兴海洋产业、未来海洋产业。在海洋产业系统中，海洋渔业中的捕捞业、海洋盐业和海洋运输业属于传统海洋产业的范畴；海洋养殖业、滨海旅游业、海洋油气业属于新兴海洋产业的范畴；海水资源开发、海洋观测、深海采矿、海洋信息服务、海水综合利用、海洋生物技术、海洋能源利用等属于未来海洋产业的范畴。

有的学者按三次产业划分：海洋第一产业指海洋渔业中的海

洋水产品、海洋渔业服务业以及海洋相关产业中属于第一产业范畴的部门。海洋第二产业是指海洋渔业中海洋水产品加工、海洋油气业、海洋矿业、海洋盐业、海洋化工业、海洋生物医药业、海洋电力业、海水利用业、海洋船舶工业、海洋工程建筑业，以及海洋相关产业中属于第二产业范畴的部门。海洋第三产业，包括海洋交通运输业、滨海旅游业、海洋科研教育管理服务业以及海洋相关产业中属于第三产业范畴的部门。

根据党的十九大报告提出的"坚持陆海统筹，加快建设海洋强国"，我国海洋经济各相关部门将坚持创新、协调、绿色、开放、共享的新发展理念，主动适应并引领海洋经济发展新常态，加快供给侧结构性改革，着力优化海洋经济区域布局，提升海洋产业结构和层次，提高海洋科技创新能力。本丛书旨在为我国拓展蓝色经济空间、建设海洋强国提供一定的合理化建议和理论支持，为实现中华民族伟大复兴的"中国梦"贡献力量。

本丛书总的思路是：有机整合中国传统的"黄色海洋观"与西方的"蓝色海洋观"的合理内涵，并融合"绿色海洋观"，阐明海洋产业发展的历史观，以形成全新的现代海洋观——在全球经济一体化及和平与发展成为当今世界两大主题的新时代背景下，以海洋与陆地的辩证统一关系为视角，去认识、利用、开发与管控海洋。这一现代海洋观，跳出了中国历史上"黄色海洋观"与西方历史上"蓝色海洋观"的时代局限，体现了历史传承与理论创新的精神。

21世纪是海洋的世纪，强于世界者必盛于海洋，衰于世界者必败于海洋。

目录

contents

第七章　我国利用海水资源的诱人前景 / 144

绪论

太阳系八大行星中，只有地球表面有水。因此，地球又被一些人叫作"水球"，它是太阳系内真正的有水行星。地球上海洋总面积约3.62亿千米^2，占了地球表面面积的71%，海水总体积约为14亿千米^3，平均深度约为3800米，蕴藏着巨大的能量和资源，是生命的摇篮，资源的宝库，也是人类的未来。同时，海洋又与一个国家的领土安全、政治安全以及人类的生存发展休戚相关，在政治、经济和军事上都有举足轻重的作用和意义。在2001年联合国的正式文件中就首次提出"21世纪是海洋的世纪"这一说法，在历史上，古希腊海洋学者狄米斯·托克利早在帆船时代就预言："谁控制了海洋，谁就控制了一切。"而美国著名学者马汉也有"谁控制了海洋，谁便能成为世界霸主"的言论。对世界格局的形成而言，谁控制了海洋，谁就拥有了控制海上交通的能力；谁拥有了控制海上交通的能力，谁就控制了世界贸易；谁控制了世界贸易，谁就控制了世界财富，从而也就控制了世界本身。几百年来，葡萄牙、西班牙、荷兰、英国乃至今天的美国在世界上的优势力量都是以海权为基础的。因此，世界各国尤其是临海国家，纷纷调整了海洋发展战略，开展海洋行动，开始了新一轮的竞争。为此，新一轮的"海洋圈地运动"在20世纪拉开帷幕。作为当时的世界头号强国，美国自然不会忽视海洋的重要性。它率先制定了全球海洋科学规划，绘制海洋发展蓝图，在海洋发展方面占得优势。英国将发展海洋作为自己的能量来源、立国之本，全面发展海洋科技，其海洋能开发利用研究和产业已经走在世界前列，欧洲海洋能中心（EMEC）即坐落在欧洲北海区域；加拿大实施一系列的法律维护自己的海岸线，将重点放在北极海域，意图在极地之争中拔得头筹；日本等国也在逐步开发海洋资源，开发一流的海洋技术，弥补其陆地资源不足的劣势。

海洋对我国也是至关重要，开发利用海洋是我国未来实现"中国梦"的重要组成部分。明清以前，我国一直是海洋大国，海洋经济繁荣，军事位居前列。可是由于明清统治者的目光短浅、闭关锁国，实行了所谓的禁海政策，同时又尊崇于"天朝上国"愚昧的封建迷信思想，对国外的先进思想及技术嗤之以鼻，谓其名曰"奇技淫巧"。终于，在1840年，当时的海洋强国的大炮接踵而至，我国却有海无防，帝国主义无情地轰开中国的大门，烧杀抢掠无所不用其极，使我国人民陷入水深火热之中，遭受长达一个多世纪的屈辱与贫弱，这也是中国历史上最黑暗的时期之一。

新中国成立后，我国陆地面积约960万平方公里，在世界范围内排行第三。随着经济社会的发展，我国对海洋重要性的认识逐步深入，开始重视经略海洋。20世纪50年代开展了"全国海洋普查"工作，70年代提出了"查清中国海、进军三大洋、登上南极洲"的战略口号，80年代和90年代分别开展了"全国海岛资源综合调查""我国专属经济区和大陆架勘测研究"，为海洋事业的发展奠定了很好的基础。

进入21世纪后，我国发布"实施海洋开发"的战略部署，海洋事业进入蓬勃发展的阶段：综合性海洋调查范围广、规模大，为我国海洋开发事业奠定了坚实的基础；海洋开发利用技术日益精进，海洋事业发展势头强劲；我国海洋环境保护得到了保障和完善，海洋环境保护和海洋经济发展并行不悖；沿海地区海洋经济迅猛发展，海洋开始逐步发挥重要作用。

海洋资源的开发引起了各国的重视，海水资源作为海洋的主体，它的重要性是显而易见的，对海水资源的开发利用也引起人们的广泛关注。在新技术和科技的发展带动下，作为海洋资源开发重要组成部分的海水资源开发利用则被提到了新的高度，其开发强度和力度逐渐深入，其产业和产品也日渐丰盛起来。

世界各国积极开发利用海水资源的现状也为我国带来了一定压力。浩瀚的海洋是一个巨大的宝库，海水就是一项取之不尽的资源，它不仅有航运交通之利，而且经过淡化就能大量供给工业、生活用水。海水中储藏着丰富的元素和化合物，其中含有80多种元素，可供提取利用的有50多种。目前海水利用已经成为许多沿海国家解决淡水短缺问题、钠钾镁等资源储量不足问题的途径之一，也成为促进经济社会可持续发展的重大战略措施。

我国拥有开发海洋资源得天独厚的优势：我国大陆海岸线长1.8万多千米，海岛岸线长1.4万多千米，在广袤的海洋上，我国还拥有数千个海岛，海洋资源十分丰富。面对如此富饶的海洋资源，我们却不禁惭愧。因为，面对这片富饶的宝库，我们却没有充分利用它，现阶段，我们对它的利用仅仅只是皮毛。在对海洋的利用中，与发达国家相比，最明显的不足就是海水利用产业，我国的海水利用产业进展缓慢，与国外相比，差距较大。

进入新世纪，随着我国科学技术的发展，经济技术的突飞猛进以及综合国力的提升，海水利用面临着重要的发展机遇：一是海水利用的技术不断成熟，同时，海水利用成本将不断降低，特别是海水淡化的竞争力将不断增强，将为大规模海水利用奠定更加坚实的基础；二是以节水为核心的水价机制的逐步形成，将有效地抑制淡水资源的消费，从而形成引导海水利用特别是工业大规模利用海水的动力；三是我国经济的快速增长、综合国力的不断增强、各级政府和社会各界的高度重视，将为海洋能的利用发展提供良好的外部环境、坚实的物质基础和广阔的发展空间；最后，我国科学技术的发展，对海水化学资源的进一步提取和利用提供了更为坚实的技术支持和保障。

十九大报告提出要坚持陆海统筹，加快建设海洋强国。我国海水综合利用产业作为"蓝色经济"的一员，应找准定位、发挥优势，牢固树立和自觉践行新发展理念，紧紧围绕推进供给侧结构性改革主线，坚持陆海统筹、河海联动、人海和谐，着力成长为富有活力、独具特色的经济增长极。同时，我国提出"一带一路"倡议，海水综合利用产业也应抓住机遇，高水平引进来，大踏步走出去，在构建全球性海洋新经济体系中，占领产业发展制高点。

在面临机遇的同时，我们也面临着挑战：一是海洋环境和生态破坏问题。海水淡化、海洋能利用等海水资源的开发利用，都会对海洋环境和海洋生态产生一定的影响，如何在大规模开发利用海水资源的同时，有效减少或降低其负面影响也是人类亟待解决的问题。二是海水开发利用活动相关法律和法规缺失。在海水开发利用过程中，相关法律和法规并不齐全，这就使得行业的发展缺乏规范，不利于海水开发利用行业整体的发展。因此，建议国家尽快出台相关的法律和规范，这也是海水开发利用及其发展的保障。

海洋是世界经济的"蓝色动脉"。我国自古就有丰富和宏伟的海洋文化：精卫填海、郑和下西洋等神话和现实事迹，"海纳百川，有容乃大""长风破浪会有时，直挂云帆济沧海"等古人诗词作品，都是中华海洋文化的重要组成部分。总的来说，"海兴国强民富，海衰国弱民穷"。面临已经到来的海洋世纪，让我们共同了解海洋、关心海洋，建设和弘扬海洋文化，让海洋更好地造福人类。现阶段，我国的海洋事业，尤其是海水利用事业，犹如一个茁壮成长的孩子，虽然现在还咿呀学语，但是在祖国母亲的关怀和科技工作者的辛勤培育之下，不久的将来必将名扬天下！

第一章
海洋观念发展史

　　自古以来，海洋就和人类密不可分。人们对于海洋的认识，是一个漫长的过程。海洋的客观存在，必然要反映到人们的头脑中，使人们产生关于海洋的认识，这种认识，我们称之为海洋观念，或者海洋观，在广义上也可以称之为海洋意识。人们在社会实践中接触到了海洋，必然产生"是什么""为什么"等问题，形成了一定的海洋观念；这种海洋观念又必然会促使人们考虑对海洋"做什么""怎么做"等一系列问题，进而采取探索、利用与征服海洋的一系列行动。因而海洋观念与海洋实践交替促进，使海洋观念产生飞跃，海洋实践不断前进，正是由于海洋观念与海洋实践有着十分重要和非常密切的关系，我们在研究海水利用的时候，必须专门讨论海洋观念的问题。通过对海洋观念发展变化的研究，可以了解人类对海洋的认识是怎样发展的，这种发展变化对人类的海洋活动有什么影响，进而可为分析海水利用提供一个重要的基础。

　　在人类漫长的历史过程中，对海洋的认识、实践和再认识、再实践的过程始终前进着，至今还在继续，未曾完结。对历史进行梳理，我们可以将人类的海洋观分为三个阶段：第一阶段，从远古直到公元15世纪，海洋可以"兴渔盐之利"和"通舟楫之便"，也就是人们可以在近海捕鱼以及进行短途航运；第二阶段，从公元16世纪的地理大发现直到20世纪第二次世界大战，海洋是世界交通的重要通道，对世界经济连通起到极大的促进作用；第三阶段，第二次世界大战以后，海洋成了人类生存与发展的重要空间，人们开始逐步加大对海洋的依赖。

第一节　"兴渔盐之利"和"通舟楫之便"

对于人类文明的起源，有很多说法，甚至有些神话传说。随着海洋考古的发现，至少可以说明海洋之中曾经出现过远比现在陆地上古老的文明，可以很好地证明海洋与人类的文明存在着悠远的关系，证明人类在很早很早以前就是居住在海边和大洋中的。人类在海边生活的时候，伴随着经济社会的发展，除了文明在起源与发展之外，海洋观念也随之起源与发展。广泛的陆地考古活动则进一步发现了丰富的历史古迹、大量的地下文物以及文字记载，确凿地证实五六千年前的原始人群是傍河面海而居的，这也孕育了举世公认的世界文明的四个摇篮（傍居尼罗河流域、面临大西洋和地中海的古埃及，傍居幼发拉底河和底格里斯河、面临地中海的苏美尔与古巴比伦，傍居印度河和恒河、面临印度洋的古印度，以及傍居黄河和长江、面临太平洋的古中国）。由于原始人群傍河面海而居，他们必然要接触海洋，海洋这一客观现实反应在人类的脑海中，使人们认识海洋，这就是最早的海洋观念。所以，我们完全可以这么说：自从有人群产生，就必然有海洋观念的产生。

在古代，先民们在面对大海的潮起潮落，雷电的轰鸣闪耀，火山喷出岩浆，洪水冲垮堤岸等自然现象产生过无法解释的恐慌，于是就感到冥冥之中有个神灵在主宰着世界，因此产生了对神的崇拜。就拿潮汐而言，凡是到过海边的人们，都会看到海水有一种周期性的涨落现象：到了一定时间，海水迅猛上涨，达到高潮；过一段时间，上涨的海水又自行退去，留下一片沙滩，出现低潮。如此循环重复，永不停息。对于这种现象，古人认为大海里面住着一个老龙王，龙王的吸气和吐气造成了这种现象：当它吸气的时候，潮水就会后退；而吐气的时候，潮水便会上涨。这也算是比较原始的海洋观。

随着生产力和认知能力的提高，面对苍茫的大海，先民们在生产和生活中对它进行了不断的探索与认知。屈原在《天问》中提出疑问："九州安错？川谷何洿？东流不溢，孰知其故？"海洋越是神秘，越是让人不可认识，也就越能激发先民们对海洋的探索与实践的热情。那么，在探索海洋与实践海洋的过程中，上古先民具有什么样的海洋观念？考古的发现已经做出明确的答案。那就是海洋可以"兴渔盐之利"，可以"通舟楫之便"，概括而通俗地说就是靠海吃海与就近航海。

最早人们对海洋的开发利用是进行渔业资源捕捞。我国的考古工作者在北起辽宁南至广州的沿海广大地区，发现了许多新石器时代人类留下的贝壳堆（见图1-1），得出了这样的结论：沿海地区的原始人群，主要的生产活动是从海边采拾贝类，以海贝肉作为他们维持

图1-1　考古中发现的贝类

生存的主要食物。在原始社会，人类就于沿海湖沼之处用木石击鱼捕鱼，已经成为人类一种重要的谋生手段。虽然随着生产力水平的提高，渔业在生产中所占比重有所下降，但是在沿海地区仍是当地居民的一项重要作业。

生产工具反映生产力水平，对渔业而言，渔具是反映当时渔业捕捞水平的主要标志。据《诗经》记载，西周时期捕鱼工具已趋多样化，有罶、笱、梁、潜、罩、众、罬等。捕鱼工具的改进使得捕捞能力以及捕捞种类有了明显的提高和增多。当时捕食的鱼类有鲔、鲤、鳟、鲂、鳢、鲨、鲦等。从以上捕捞的鱼类来看，大部分都属生活在江河湖泊的淡水鱼类，只有小部分海洋鱼类，由此可见当时海洋鱼类捕捞还是有限的。虽然有限，但并非停滞不前，这一时期的近海捕鱼有了一定发展。在《庄子》《竹书纪年》等中已载有"投竿而求诸海""投竿东海，旦旦而钓""东狩于海获大鱼"等捕鱼活动；在河南郑州商代早期遗址中发现的直径1.5厘米的大鱼牙、鱼鳞、海贝和海产蛤蜊，以及在安阳殷墟出土的产于南海和印度洋的大龟骨、鲸鱼骨和鲍鱼骨，都说明商代贵族在3000年前就已能在中原地区吃到海产品，当时海产品已经成为贡品。

船也是捕鱼的重要工具之一。到春秋、战国时代，随着生产力水平的提高，冶铁技术的发展以及铁制工具的出现，造船技术也日益发达，其中在江苏省常州市的武进区曾出土两艘约西周时的独木舟，一长7米余，一长4米余；同时又发现一艘长11米的独木舟，梭形，中间宽，两端窄，时代约在春秋晚期。船只的创造和使用，为人们利用先进的交通工具进入深海捕捞提供了可能。《管子·禁藏篇》有记载曰："渔人之入海，海深万仞，就彼逆流，乘危百里，宿夜不出者，利在水也。"先进的捕捞工具，加上沿海人民敢于冒险的

精神，使得近海、深海捕捞都有了起色。与此同时，中央王朝已意识到海洋渔业的重要性，设专职管理渔业，将其纳入国家管理范围之内。《周礼》记载周代渔业管理人员称"渔人"。渔人的职权很大，掌管捕鱼、供鱼、征收渔税以及实施有关渔业政令等。

古代人在从海洋里捕捞食物的同时，还从海洋里取得食盐（见图1-2）。盐在周代是重要的调味品，当时的人们除了利用盐的食用价值外，还认识到其药用价值，盐开始作为五味之一来养病、治病。国家对盐业资源比较重视，因此，海盐生产就成为沿海诸侯国的一项重要作业，而且是使之成为富国的主要途径。

韩非子曾说"历心于山海而国家富"，凡致力于发展海洋渔盐的地方便成了富庶的鱼米之乡，最典型的例子便是北濒渤海、东临黄海的齐国，利用优越的地理环境，因海制宜地发展丰富的海盐资源，为齐国在春秋时期诸侯争霸中首先荣登霸主之位奠定了物质基础。据《史记·货殖列传》载："太公望封于营丘，地潟卤，人民寡，于是太公劝其女功，极技巧，通鱼盐，则人物归之，繦至而辐凑。"春秋时期，齐国政治家管仲曾提出著名的"官山海"理论，主张山海之利，通过盐铁官营，增强国力，成就霸业。正如司马迁所言："齐桓公用管仲之谋，通轻重之权，徼山海之业，以朝诸侯，用区区之齐显成霸名。"

海盐资源在管仲改革之前实行自由开发，齐国首创食盐专卖之举，是中国盐政管理领域中出现的一件大事。濒海的齐国，从西周初年便开始发展海盐生产，到春秋时期经过管仲的盐铁专卖政策以盐致富，使齐国在诸侯争霸中率先脱颖而出，完成霸业。同时，为了促进商业的发展，齐国的海盐还销售到其他诸侯国。"通齐国之鱼盐于东莱，使关市几而不征，以为诸侯利，诸侯称广焉"，自东莱交换齐国的鱼盐于各诸侯国，使关卡市场只查问而不征税，这样既促进了本国经济的发展，又使其他无山海资源的诸侯国从中获利。除齐国之外，临近海边的燕、吴、越诸国也盛产海盐。"夫燕亦勃、碣之间一都会也……上谷至辽东……有鱼盐枣栗之浇""陈在楚、夏之交，通鱼盐之货，其民多贾""夫吴自阖庐、春申、王濞三人招致天下之喜游子弟，东有海盐之饶"。综上所述，两周时期中国沿海地区的海盐业已颇具规

图1-2　古代盐场

模，海盐生产已成为一个重要的经济部门。不仅成为沿海诸侯国富国的源泉，而且还是重要的祭祀贡品。沿海诸国对海盐的开发与利用的深度与广度表明，两周时期的海盐资源开发相对于以前有了进一步发展。

上述历史文献所述都证明了沿海的人群对海洋的认识首先是"兴渔盐之利"，也就是靠海吃海，这就是人类最早的海洋观念的重要部分。

古代人群为了获取生活资料，在"兴渔盐之利"的同时又"通舟楫之便"。我国可追溯到的可靠文献记载的最早远航是勾践从长江口越海。海上航行之便，促进经济发展的同时，也创造了带有海上活动特色的文化，例如我国的龙山文化和百越文化，他们以舟筏水上运载工具为条件，以漂航为特征，开始了上古先民的海上活动。龙山人是生活在山东沿海的新石器时代的先民，他们以独木舟为漂浮工具，把龙山文化从山东半岛传播到了辽东半岛。百越人主要分布在今江苏、浙江、福建、广东沿海，他们"以舟为车，以楫为马"，善长海上活动，把百越文化传播到舟山群岛以及台湾岛等地。随着龙山人和百越人海上活动的发展，不仅把文化传播到南北沿海各地，同时也流传到遥远的海外。近代考古发现，朝鲜、日本、太平洋东岸、大洋洲以及北美阿拉斯加等地，都有龙山文化或百越文化的古文化，证明了古人漂航海外的业绩。到了夏、商、周代以至春秋战国时期，出现了木板船，有了一定的航海技术水平，形成了横渡渤海、航行舟山与台湾的沿海航线，以及东航朝鲜与日本的航线，产生了沿海的一些港口城市。秦、汉以及三国时期航海事业有了较大的发展，秦始皇统一中国后曾经四次巡海，并且积极开辟海上航路，秦始皇两次派徐福率队东航体现了向海外发展的愿望和行为，据后人考证徐福一行很可能是到了日本并且使日本出现了弥生文化[①]。汉代中国开辟了海上丝绸之路，这条航线以广东的徐闻县、广西的合浦县为起点，经过马六甲海峡，到印度东岸、斯里兰卡、波斯湾和红海，沟通了太平洋与印度洋的航路，能将中国的丝绸经海路运往波斯以至罗马，同时汉代还开辟了东航日本的航线。唐、宋时期中国的航海事业繁荣，造船技术达到了新高峰，远洋海船长30米、宽10.5米，排水量达400吨～450吨。出现了铁锚、平衡舵与舭龙骨等先进设备，产生了海洋潮汐研

① 所谓弥生文化，是指日本绳纹文化之后的一个重要历史时期，由于最先是在日本东京弥生町发现出土而定名。它起自公元前300年，至公元250年，恰好相当于中国的战国末年及秦汉时期。在弥生文化遗址中，出土了大量的铜剑、铜鉾、铜铎等。日本学界认为，加工这些器物的原料和技术来自中国。此外，在弥生町遗址中，还出土了中国古钺、古镜和秦式匕首和汉字等。

图1-3 司南

究、海图绘制与指南针等三项先进航海技术用于航海，当时均居世界前列。特别是指南针的运用于航海则是中国的首创（见图1-3，指南针的始祖司南），我国海船使用指南针航海的最早历史记载是公元1100年左右，后来于1180年左右传到欧洲，中国由磁针发展为罗盘导航是在1226年，传到欧洲则是在1391年了。唐、宋时期我国的海上航线比之汉代又有发展，中国海船所到地区比汉代更广，往南、往西可到东南亚"南洋诸国"、阿拉伯以及非洲东岸的广大地区，往东可以到达朝鲜半岛、日本以及堪察加半岛。在中国古代航海活动发展的同时，欧洲地中海地区的海上活动也发展较快，他们航行于欧洲沿岸以至非洲的西海岸。阿拉伯、印度的航海船舶也已活动在中国沿海到非洲东海岸之间。由此可见，古代人认识到海洋能"兴渔盐之利"的同时也认识到海洋可以"通舟楫之便"，逐步发展了航海活动。但是直到15世纪，世界各国的航海活动的航程毕竟有限，都只是从本国的海岸出发的就近航海，亚洲与欧洲之间并未沟通直接的海上航路，亚洲人或欧洲人都没有直航美洲或大洋洲，更没有沟通世界的航路。所以我们称这种古代的航海活动为"就近航海"，把它作为古代人类海洋观念的又一个重要部分，并把"靠海吃海与就近航海"归纳为人类海洋观念的第一阶段，是人类初级的海洋观念。

第二节　海洋是世界交通的重要通道

当人类社会从古代发展到中世纪时，资本主义的生产关系逐渐出现萌芽和发展。14—15世纪的西欧各国中主要工业生产部门的生产技术有了很大改进，纺织业、冶金业等生产技术发展很快。随着工业技术的发展，农业生产技

术也有很大进步。生产技术的进步促进了生产
力的发展，扩大了社会劳动分工，使生产活动
越来越专业化，开始形成许多较大规模的产品
专业化地区，从而提高了产品的质量和增加了
产品的数量。工农业产品不仅能满足本地的消
费，而且适应了国内外广大市场的需求，促进
了商品的生产和流通，也促进了欧洲货币经济
的发展。发展资本主义需要资本的积累，资本
的积累必须通过商品生产和交换关系的发展来
实施，这就促使货币需求量的相应增加。15世
纪欧洲的货币实行金本位制，黄金是起货币作

图1-4　马可·波罗

用的商品，它不仅是当时西欧各国国内外贸易的重要支付手段，而且也是一种
巨大的社会力量，黄金在人们心目中有至高无上的地位。但是14—15世纪欧洲
生产的黄金逐渐减少，西欧与东方的贸易又使大量黄金外流。这一切都使欧洲
感到金、银不足，各国官僚、贵族、商人都梦寐以求黄金，实现资本的积累，
以发财致富。这些寻求黄金者从传说中特别是《马可·波罗游记》等著作中了
解到中国、印度和南洋各地财富如山、黄金遍地的奇迹，如痴如醉，极为向
往，决心远涉重洋到东方去寻求黄金。因此，寻找黄金以求完成资本主义发展
的资本积累就成了发展世界性大航海的主观条件。

　　商品生产和交换的发展，是发展世界性大航海的又一个主观条件。西欧资
本主义生产的萌发要求扩大海外市场，需要加强与东方的贸易。当时东西方贸
易的交通要道主要有三条：一是陆路，由中亚沿里海和黑海经小亚细亚后转运
到欧洲；二是海路，由波斯湾经两河流域到地中海东岸的叙利亚；三是海路到
红海，再由陆路到埃及的亚历山大里亚。所有这三条商路都是以东部地中海为
贸易中枢，都要经过中间商的多次转手，要被中间商层层盘剥甚至垄断。西欧
商人不能直接地得到大批亚洲商品，能得到的商品都是数量少、价格贵，各类
商品往往比原价高8～10倍。西欧销往亚洲的商品也遭到同样的命运，既不易销
售，又获利不多。因此，西欧各国贵族、商人和新兴的资产阶级急切需要发展
对东方的直接贸易，迫切要求开辟一条从西欧直达印度和中国的新航路。

　　在上述原因的驱动下，欧洲人迫切需要开辟直达东方的新航路。但在生
产水平不高、科学技术落后的情况下，只能是主观上的愿望。直到15世纪，科
技的发展促使这种愿望成为现实。当时，欧洲已能制造用于大海中航行的大型

帆船，中国传去的罗盘针也已被广泛应用，占星仪的应用使海船能测定船位，这些都为新航路的开辟准备了物质条件。与此同时在技术等方面也具备了条件：欧洲人已在地中海和大西洋沿岸的长期航行中积累了丰富的航海经验，海图的绘制也日趋精确；在天文学和地理学方面也有了显著进步，学术界已普遍接受了地圆学说与日心说，意大利著名的地理学家托斯堪内里绘制的世界全图就是根据地圆学说把中国和印度画在大洋的对岸。许多学者和航海家断定，从欧洲西航横渡大西洋必定可以直达东方的亚洲。这些物质和技术的客观条件符合了远航东方的主观愿望，主客观条件的结合催唤了世界大航海时代的到来。

在这个背景下，欧洲的航海者响应世界大航海时代的催唤，从15到18世纪掀起了海上远航探险的热潮，开展了一系列的开辟新航路活动，形成了一个引起世界历史进程巨变的大航海时代。对于这一系列的远洋航海活动，西方的历史学界称之为"地理大发现"，主要的成果有：哥伦布开辟通向美洲的新航路、达·伽马开辟绕过非洲直达印度的新航路和麦哲伦船队的环球航行。这些新航路的开辟，使人类进入了世界大航海的时代。除了上述三大航线的开辟之外，"地理大发现"还有一个尾声，即1642—1643年荷兰人阿贝尔·塔斯曼航行到了澳大利亚和新西兰，1728年俄国雇用丹麦人白令穿越了亚洲和美洲大陆之间的海峡到达了北冰洋。至此，欧洲人历经三个世纪的"地理大发现"才算终结。

世界大航海时代的到来，一系列"地理大发现"的航海活动，结果是发

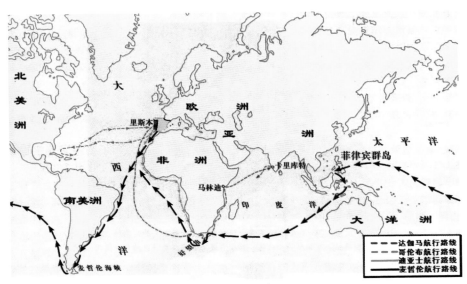

图1-5 地理大发现

现了新大陆，开辟了新航路，扩大了世界市场，增加了商品流通范围，促进了商业的革命性变革，助长了资产阶级的发展，推动了西欧资本主义经济的发展，促使欧洲进入资本主义社会。人类在惊异地感受到世界性大航海活动对社会发展起了巨大推动作用的同时，深深感到对海洋的认识已经从局部走向全局。人们认识到地球确实是圆的，知道了地球上共有五大洲和四大洋，海洋包围着陆地而且全球连成整体，通过海洋可以到达地球上的各个大陆和岛屿，海洋不仅能使人类"靠海吃海与就近航海"，更可以使人类作为进行世界交通的重要通道。人们进一步认识到，正是海洋的世界交通重要通道作用，才使世界性大航海活动得以推动社会的发展，"海洋是世界交通的重要通道"比之"靠海吃海与就近航海"更显得重要，是人类社会探索、利用与征服海洋的显著进步，也是人类通过实践而认识海洋的显著进步。于是，人类的海洋观念的主流就从"靠海吃海与就近航海"的初级阶段发展到了"海洋是世界交通的重要通道"的新阶段。

人类海洋观念主流的这一次新发展，使人们认识到海洋不仅关系到沿海人们的一般生活需要，而且关系到人类社会的前进与停滞。所以，从人类海洋观念的发展进程来看不是一般的进步，而是一次本质性的飞跃，是人类海洋观念的第一次本质性的飞跃。

第三节　海洋是人类的未来

人类对海洋的认识，虽然在"大航海时代"经历了一次思想上的飞跃，但是这种认识与实践还主要限于海洋的表面，对于海洋的利用还仅仅限于点与线，即渔盐业与海上交通运输线，远未实现对海洋的总体探索、开发利用和征服，所以这种海洋观念仍然存在着历史的局限性。

随着科学技术的发展，人们对海洋的认识逐步深化，海洋呈现在人们眼前的形象不仅是世界交通的重要通道，而且更加显示出丰富的资源与广阔的活动场所，这在客观上为人类进一步走向海洋创造了条件；当人们感到陆地资源与活动场所日趋不足之时，又产生了寻找新的资源与活动场所的主观愿望。客观条件与主观愿望的结合，促使了人类海洋观念的第二次飞跃。

第二次世界大战以后，科学技术有了飞速发展，开发利用海洋的技术也飞速发展，人们认识到海洋里有着比陆地丰富得多的各种资源，同时又有远比陆地广阔得多的活动场所。以陆地为主要活动场所与主要资源源地的人类，为陆上人口的日益拥挤与陆地资源的日趋枯竭而发愁，迫切需要寻找新的活动场所与新的资源源地，作为人类生存与发展的新空间。

当代人在探求人类生存与发展的新空间时，得到了两个答案：一是海洋，二是宇宙。宇宙无限宽广，有可供人类作为活动场所的无限空间，宇宙中无数星球上也有可供人类使用的无穷资源，这当然是令人无比兴奋的事。然而宇宙空间毕竟十分遥远，宇宙的开发技术又极为复杂，耗资极大。虽然有些国家正在努力进入宇宙空间，但只是刚刚起步，要能真正开发利用宇宙空间以满足人类生存与发展的需要还为时久远。对于人类生存与发展的迫切需要来说，宇宙空间毕竟是远水难解近渴。海洋却是近在岸边，开发利用海洋比起开发宇宙来得方便、现实和有效，人类现代的科学技术已能开发利用海洋里的资源和活动场所，海洋里蕴藏的丰富资源可以供人类使用几百年甚至上万年，占地球表面积70.8%的海洋可以给人类提供巨大的活动场所。所以，人们首先选择了海洋作为人类生存与发展的重要空间。从而，人类的海洋观念又有了新的发展，进入了一个新的阶段。

人们认识到海洋已是人类生存与发展的重要空间，是人类海洋观念的又一次飞跃，是第二次本质性的飞跃。因为，人们认识到海洋与人类社会的关系，已经从海洋能够影响社会前进与停滞的关系，发展为影响人类生存与发展的关系，也就是说今天的海洋已经关系到人类本身生死存亡的大事，这种认识的发展是本质性的发展。再从认识论的规律来看，人类的海洋观念新发展体现了对海洋由点线到面以及到总体的认识深化规律，体现了对事物由表及里和由浅入深的认识深化规律，符合由量变到质变的根本规律。

人类的海洋观念飞跃为"海洋是人类生存与发展的重要空间"。这种新的认识又促使人们纷纷走向海洋，很多国家掀起了海洋开发热潮。沿海国家对海洋的重视程度也达到前所未有的高度。在海洋中，丰富的资源有待人类的开发，作为海洋资源的一种——海水资源将为人类提供饮用淡水、工业用水以及化学资源等，为人类的生存发展作出贡献。

第二章

海水资源的重要性

海水作为海洋的主体，她是那么的随性多变。有时她是喧闹的，潮涨潮落，伴着那涛涛潮水声，人们进入梦乡；有时她是安静的，碧波万顷，看着那如镜的海面，令人心旷神怡；有时她也是狂野的，白浪滔天，看那巨浪翻滚的壮观，让人敬畏自然。海水就是如此神奇，她是海洋的主体，也是海洋的血液。她向人们展示海洋的深邃和魅力，也向人们展示海洋的富饶和博大。面对海洋，我们能品尝到海水的苦涩，也能看到海水的清澈，更能感受到海水触碰肌肤的亲柔。海水给了我们太多的感受，但是，除此之外，海水还有一些我们不知道的秘密。在此，我们来深入了解一下海水和她举足轻重的地位。

第一节　世界经济发展面临的困境

世界经济发展至今，已经经历了数次工业革命，经过多次的蜕变，其科技程度和文明程度已经到了一个新的高度。生活在当下的我们，可以感受到现代经济的发达程度。虽然比不上科幻电影中的境界，但也是可圈可点的。不过，即便如此，我们也应该清醒地认识到现代经济虽然表面繁华依旧，但是已经凸显出各种问题：淡水资源匮乏，化石能源枯竭以及环境污染等。这些问题不是某个国家需要面对的问题，而是全人类亟待解决的问题，它关乎着人类未来的发展，虽然这些问题现在还没严重威胁到人类的生存发展，但是总有一天会成为阻碍人类发展的重大障碍，让人类的智慧又一次面临严峻考验。

一、淡水资源缺乏

有人说，我们的地球应当叫水球。这是有一定道理的，因为我们生活的这个星球71%的表面积被水占据。宇航员在太空中俯瞰地球，她是一个蓝色的球体，十分璀璨，在太阳系家庭中独一无二。地球拥有的水量非常巨大，总量为13.86亿千米^3。其中，96.5%在海洋里；1.76%在冰川、冻土、雪盖中，是固体状态；1.7%在地下；余下的分散在江河、湖泊、大气和生物体中。因此可以说，从天空到地下，从陆地到海洋，到处都是水的世界。

地球上的水，尽管数量巨大，而能直接被人们用于生产和生活的，却少得可怜。首先，海水又咸又苦，不能饮用，不能浇地，也难以用于工业。其次，淡水只占总水量的2.6%左右，其中的绝大部分（占99%），被冻结在远离人类的南北两极和冻土中，也无法被人类利用；只有不到1%的淡水，它们散布在湖泊里、江河中和地底下，能被人类利用。由此可见，全世界真正意义上的淡水量与总水体比较起来，真是九牛一毛。除此之外，全球淡水资源不仅短缺而且地区分布极不平衡。按地区分布，巴西、俄罗斯、加拿大、中国、美国、印度尼西亚、印度、哥伦比亚和刚果9个国家的淡水资源占了世界淡水资源的60%。但是，约占世界人口总数40%的80个国家和地区却面临着严重缺水的现状。

人口增长和经济发展所导致的人均用水量的增加也在一定程度上造成了淡水资源的紧缺。在过去的三个世纪里，人类提取的淡水资源量增加了35倍，1970年达到了3500万米^3。20世纪的后半叶，淡水提取量每年增加4%～8%，其中农业灌溉和工业用水占了增长的主要部分，特别是20世纪70年代"绿色革命"期间，灌溉用水翻了一番。据有关国际组织预测，到2050年，生活在缺水国家中的人口将增加到10.6亿和24.3亿之间，约占全球预测人口的13%～20%。

图2-1 干裂的土地

淡水资源的日趋减少也给世界安定带来不利影响，为了本国淡水资源的充足，各国开始围绕淡水资源展开争夺。以欧洲为例，各国为争水而冲突不断，西班牙各地方政府相互指控对方滥砍滥伐与窃取水源。而像德国、比利时、匈牙利这类国家也都有可能发生用水冲突，因为这些国家五成以上的水资源都来自境外。沙漠化专家米歇尔认为，欧洲各国近年来过度砍伐植被是导致淡水资源迅速减少的成因之一。森林被毁使土壤对水的吸收保护能力下降，风沙活动加剧从而形成沙丘，致使欧洲大陆的沙漠化速度日渐加快。

城市化的加剧也是淡水资源越发短缺的另一根源。在城市化进程中，大片的农田和森林被破坏，取而代之的是高楼和马路。涵养水源的植株被破坏，导致地下水源不足。同时由于都市公路都采用水泥和柏油路面，导致雨水难以渗透土壤，对于地下水源的补充又雪上加霜。这些原因，都造成了淡水资源的日渐短缺。

由联合国各组织（政策协调与可持续发展部、粮农组织、联合国工业发展组织、世界银行、世界卫生组织和世界气象组织等）和斯德哥尔摩环境研究所的代表组成的指导委员会编制的世界淡水资源综合评价报告表明，世界许多地区目前的淡水资源利用都是不可持续的。世界约1/3人口生活在中度和严重淡水紧张的地区，淡水资源匮乏已严重制约了现代经济和社会的发展。如果不采取行动，世界上近55亿人在2025年也将面临这种局面。同时，保留足够的清洁水用于保护水生和陆生生态系统是至关重要的。现阶段，几乎所有的人类活动产生的污染都在使水质变坏，发展中国家大多数城市的污水处理率低于10%，就拿我国为例，虽然城市中都有污水处理厂，但是其污水处理速度远不及污水产生速度。在20世纪期间，用水量以超过人口增长率2倍的速度增长，世界许多地区的取水量持续快速地增长。1970年以来，理论上人均可获得淡水量近乎减少了40%，污染正在造成公共卫生问题的蔓延，使缺水状况加剧，引起生态系统的严重破坏，特别是在河流、湖泊和沿海地区。淡水利用超过可再生淡水资源的10%就会出现用水紧张，超过20%时则更为明显。许多国家的用水已超过了其水资源的20%。一旦取水超过这一阈值，湖泊和河流水位降低，将会导致取水成本和用水成本的增加以及生态系统的破坏，对淡水资源的涵养和恢复造成不可逆转的破坏。

21世纪将是水的世纪。20世纪初，国际上就有"19世纪争煤、20世纪争石油、21世纪争水"的说法。我国是联合国认定的13个最贫淡水国家之一。我国淡水资源总量虽然名列世界第六，但人均占有量仅为世界平均值的1/4，位居世界第109位，而且水资源在时间和地区分布上很不均衡，有10个省、自治区、直辖市的水资源已经低于生存线，那里的人均水资源拥有量不足500米^3。目前我国有300个城市缺水，其中110个城市严重缺水，它们主要分布在华北、东北、西北和沿海地区，水已经成为这些地区经济发展的瓶颈。有专家估计，2030年前中国的缺水量将达到600亿米^3。因此，为保证我国经济的可持续发展，淡水资源问题的解决已迫在眉睫。

二、化石能源枯竭

历史的车轮滚滚向前，人类也从远古的石器时代步入便捷的21世纪，21世纪的人类社会政治、经济和文明都达到一个崭新的历史高度，无论是工业、农业，还是服务业，以及高新技术产业，都处于人类历史上的空前快速发展时期。我们在为这种高度繁荣自豪和激动的同时，也应该清醒地认识到隐藏的危机。

当今经济突飞猛进，但是这种发展是得益于化石能源，如石油、天然气、煤炭与核裂变能的广泛投入应用。因此，这种经济是建立在化石能源基础之上的一种经济。为满足经济持续发展，人类对资源的需求和使用也大幅提高。传统化石能源经过数百年的挖掘和利用，已经显示出枯竭的危机。根据专家预测，按照目前的化石能源消耗量，石油、天然气最多只能维持不到半个世纪的时间，即使是相对富饶的煤炭也只能维持一两百年而已。同时，这些化石燃料不仅仅是燃料，它们还是宝贵的工业原材料，可以生产化学产品，如塑料、药品、纤维、染料等，在工业界拥有重要的价值，仅仅作为燃料烧掉实在可惜。

图2-2　打开闸门的水力发电站

看到以上的悲观言论，也许有人会不屑一顾，他们会说，可以大力开发水电以及核电，相对化石燃料而言，这都属于比较清洁的能源，而且根据最近的发展来看，这些能源已经发挥了举足轻重的作用，例如在日本、法国等核能供电比重较大的国家，核能的利用为其经济发展起到了重要的作用。但是任何问题都是双刃剑，看到巨大利益的同时，我们也应该看到相反面：就水电而言，水力发电没有环境污染问题，能源也是可以再生的（见图2-2），但是建水库需要淹没土地，搬迁居民。此外，水库的建立会对建造地的生态造成影响，水库蓄水有时会引起地下水位变化，诱发地震。高坝一旦崩决也会造成很大的洪水。核能发电能够缓解大量燃料消耗和向大气排放气体、烟尘的问题，属于低投入高产出的能源，是一种比较高效的发电方式，但是，从核原料储量上来看，地球上的核动力燃料也不足以支撑人类对能源的长期需求。再者，核能源也属于新兴能源产业，其可控性并不非常完善。随着我国核电站数量的增加，中国东部经济发达地区能源短缺的巨大压力得到了有效缓解，但这些核电站在发电的同时也产生了大量的核废料。目前我国核电站每年产生150吨具有高度放射性的核废料，到2010年这些核废料的积存量已达到1000吨。由于高度放射性核废料对环境与人体都有极大的危害性，核废料处理问题也日益显现。例如2011年，日本福岛核泄漏造成的影响至今仍记忆犹新，世界也因此掀起一股"去核"浪潮，同时核废料的处理和储存也是很难解决的问题，现今的处理方式是将其埋藏在海底，但是，这种处理方式并不是环保和无害的，人类在其处理问题上还有很长的路要走。因此，核能源利用的道路绝非平坦无阻。由此可见，不管一个国家的经济是建立在哪种能源结构类型上的，人类面临的能源危机都将不可避免，在能源日渐枯竭的趋势下，这种危机感和紧迫感将愈加强烈。因此，改变传统能源结构，提升可再生能源利用比例已经成为人类发展的必然趋势。

因此，人类必须意识并估计到非再生矿物能源资源枯竭可能带来的危机，从而将注意力转移到新的能源结构上，尽早探索、研究并开发利用新能源。否则，就可能因为向大自然索取过多而造成严重的后果，致使人类自身的生存受到威胁。能源危机的警钟已经敲起，并且钟声越来越响，越来越急，人类现在正站在生存发展的十字路口，到底该何去何从，是一个值得深思的问题。

三、环境污染问题

环境是人类赖以生存的基础，在人类早期，人类是和其他生物一样，只是生活在环境中的一分子。只有人类适应环境，而没有人类改变环境。随着人类文明和科技的发展，人类不再满足于对环境的适应，而开始对环境进行改造，使环境开始适应人类的发展。20世纪80年代以来，随着经济社会的发展，具有全球性影响的环境问题日益突出。不仅发生了区域性的环境污染和大规模的生态破坏，也出现了危及全球的环境问题，如温室效应、臭氧层破坏、土壤沙化等，严重威胁着全人类的生存和发展。其中温室效应问题最为严重和突出，这些年对全球的影响也日渐凸显。根据科学研究，如果二氧化碳含量比现在增加一倍，全球气温将升高3℃~5℃，两极地区可能升高10℃，气候将明显变暖。气温升高，将导致某些地区雨量增加，某些地区出现干旱，飓风力量增强，出现频率也将提高，自然灾害加剧。更令人担忧的是，由于气温升高，将使两极地区冰川融化，海平面升高，许多沿海城市、岛屿或低洼地区将面临海水上涨的威胁，甚至被海水吞没。20世纪60年代末，非洲下撒哈拉牧区曾发生持续6年的干旱。由于缺少粮食和牧草，牲畜被宰杀，饥饿致死者超过150万人。这是"温室效应"给人类带来灾害的典型事例。当然，人类对温室效应的感受也非常明显，和20年前的气候相比，当今世界的平均温度已经升高了数度，因此，才会在媒体报道中数次看到"史上最高温"的报道。

针对经济社会发展引起的环境问题，1992年世界各国在巴西里约热内卢召开了联合国环境与发展大会，会后发布了《联合国气候变化框架公约》，1997年又在日本京都召开了气候变化会议，签订了《京都议定书》。这些文件规定了必须控制温室气体的排放，调整能源结构，减少化石燃料的利用，用政

图2-3　化石燃料燃烧释放出的污染气体

策促进可再生能源的开发和利用。1994年我国发布了《中国21世纪议程》，承诺采取措施减少温室气体排放，而开发不会产生环境污染的新能源和可再生能源是解决环境问题的最佳途径之一。2016年我国签署加入《巴黎协定》，承诺落实协议中的全球合作，减少温室气体排放，向低碳转型。

在如火如荼的新能源开发利用浪潮中，占据地球表面积2/3之多的海洋，自然也是人们开发利用的重点，她将以她独特的价值为人类的发展提供帮助。海洋能源是清洁能源，用它发电不会消耗燃料，也不产生废物、废液和废气，对环境的影响小于传统的能源开发产业，利大于弊。有人把海洋能源誉为绿色能源，是当之无愧的。

第二节　海洋是人类未来发展的出路

在人类赖以生存和发展的宇宙幸运之舟——地球上，陆地面积仅占地球总面积的29%，而海洋则占到总面积的71%。她是生命的摇篮，风雨的故乡，气候的调节器，交通的要道，资源的宝库。用这样的赞美之词描述海洋，不仅仅是生动形象的描写，更是对海洋本貌的探究和揭示。

海洋，这片广袤而蔚蓝的水体，是人类未来的"大粮仓""大矿场""大能源库"和"大药房"，也是地球的气候调节中枢，还是人类未来生活的空间。

一、海洋是人类的"大粮仓"

当今世界粮食现状不容乐观。近些年来，世界粮食生产发展步伐逐步放缓，粮食产量增长缓慢；粮食产量年度间波动逐步增大，粮食生产的结构性矛盾显现；粮食生产面临耕地、淡水资源制约日益严重，发展还有许多不确定因素。同时，一些国家开发利用粮食型生物质能源，进一步加剧了粮食供应不足的风险。

20世纪50年代，由于世界开展了一场"绿色革命"，农业科技进步推动了农业发展，粮食播种面积和单产都有所增加，因而当时世界粮食产量增长速度超过了粮食消费需求的增长速度，粮食需求基本得到满足。但是随着世界工业化、城市化的推进，人口消费以及社会需求的不断增加、生物质能发展对粮食的消耗，粮食供需矛盾加剧。

据联合国粮农组织数据，从20世纪60年代以来，世界粮食生产总体上呈发展态势，粮食产量在波动中逐年增加。但是，从20世纪90年代以来粮食生产变化情况看，60—70年代粮食生产的强劲发展态势明显减弱，世界粮食产量增长率趋缓，影响粮食供求平衡的潜在风险和因素明显增加。同时，主要粮食品种发展不均衡，玉米收获面积所占比重提高，稻谷、小麦收获面积所占比重下降。不仅如此，世界粮食增长减缓且结构矛盾凸显。根据联合国粮农组织数据，从粮食生产变化情况分析看，20世纪90年代末期以来，特别是21世纪初以来，世界粮食产量增长率与20世纪相比，正在逐步减缓，粮食结构性矛盾开始显现，这无疑给未来世界粮食供给带来更大压力。同时，粮食的产量跟不上人口的增长，环境的恶化又进一步加深粮食危机。人类的可持续发展受到严重威胁。

日益凸显的粮食危机正提醒着人们，如果没有及时有效的解决办法，人类很可能在不久的将来无法吃饱。在尽可能地增加粮食产量、收获面积以及平衡粮食结构的同时，科学家们开始着眼于海洋，期待着从海洋中获取更多更优质的食物。

广阔无垠的海洋是自然界赐予人类的一个巨大的生物资源宝库，动植物资源相当丰富。据估计，在海洋中生活着超过200万种动植物，其中鱼类有2万种，它们绝大部分属于微生物。动物中，鱼类、哺乳动物和大型无脊椎的再生量为8亿吨左右，还有数亿吨的贝类资源。目前人类利用最多的是鱼类，年捕捞在1亿吨左右。在遥远的南极海洋中，南极磷虾数量惊人，是世界上迄今为止发现的蛋白质含量最高的一种生物，每年若捕捞利用10%，就可以满足人类目前对蛋白质的需要。海洋植物资源中，已知的有1.7万多种，比动物资源更丰富，其中以藻类的数量最庞大，总量超鱼类的万倍以上。许多海藻含有丰富的蛋白质、维生素、无机盐和微量元素，而且有些物质是陆生植物所没有的，不仅可以作食品、饲料，而且还可以作为重要的工业原料，在医学上也有不少用途，现在许多药物直接来自于海洋生物。

二、海洋是人类的"大矿场"

由于海洋的自然环境与地质基础条件和陆地相似，同样具备地球化学循环与富集成矿的基本条件，理论和部分实践已经证明，海洋矿产资源的品种与陆地同样的丰富，而且种类更多、范围更广、储量更大，尤其是石油与天然气资源已成为现在新发现储量的主要来源，而海水化学资源也将是未来研究和利用的重点。它们的存在是人类可持续发展的基础和保证。

海洋水体是地球上最大的连续矿体，溶解的盐类平均浓度可达 3.5×10^4 ppm，也就是说，每一立方千米的海水中，含有约3500万吨无机盐类物质。各种天然存在的元素，都已在海水中发现。经检测并初步确定其主要溶存形式的元素，已超出80种，它们在海水中的总量非常巨大，即使是某些痕量元素，如锂（0.17ppm）、铷（0.12ppm）、碘（0.06ppm）、铀（0.003ppm）、钴（0.0001ppm）等，在海水中的总藏量也都要分别以亿吨、百亿吨甚至千亿吨计算。海水中含有多种化学元素，大多是重要的工业原料，可提取的元素包括铀、氘、氚等80余种。据推算，每立方千米海水中，除去水分外，还有3750万吨化学物质，价值在10亿美元以上。其中盐3000万吨，氧化镁320万吨，碳酸镁220万吨，硫酸镁120吨，溴7.2万吨。

海滨、海底矿产资源种类较多，按照海洋矿产资源形成的海洋环境和分布特征，从滨海浅海至深海大洋分布有：滨海砂矿、石油与天然气、磷钙土、多金属软泥、多金属结核、富钴结壳、热液硫化物以及未来的替代新能源——天然气水合物。海洋矿产资源丰富，未来的世界将进入全面开发利用海洋的时代，随着社会的发展，尤其是陆地上资源和能源因消耗剧增而日趋减少，人类的生存与发展必将越来越依赖于海洋。

海洋蕴藏着丰富的矿产资源，是人类生存发展所依赖的"大矿场"，可为人类所取用。在经济社会的不断发展过程中，矿产资源对社会经济的支撑度越来越高，随着陆地矿产资源的日益枯竭，海洋矿产资源的勘查、开发已迫在眉睫。当下，滨海、海底矿产资源已经处于开发利用阶段，海水化学资源也有提取，但是总体而言，相关技术和开发利用规模还存有很大的发展空间，需要人们不断地深入探索和开拓。

三、海洋是人类的"大能源库"

当陆上资源面临匮乏境遇的时候，人类自然将目光瞄向了海洋。海洋作为生物的起源地，她没有辜负人类对她的殷切期望，她向人类展示了她的浩瀚和博大，给予人类丰富多彩的海洋新能源。

对海洋而言，她是美丽的，浩瀚的，同时她又是变化莫测的。时而风平浪静，时而波涛汹涌；时而涓涓细流，时而奔腾不息；时而温暖如阳，时而

寒彻入骨；时而咸涩难咽，时
而甘醴爽口。海水的这些特性其
实就对应着海水中蕴藏的各种能
源——波浪能、潮汐能、海流
能、温差能以及盐差能。这些都
属于可再生能源，潮汐能和潮流
能来源于月球和太阳对地球的万
有引力的变化，其他各种都是太
阳辐射产生的。在太阳系存在的
年代中，是可再生的，取之不
尽，用之不竭的。

图2-4　海流能开发利用示意图

　　海洋的潮汐能、海浪能、海流能、海水热能等可再生能源的理论储量约
为1500亿千瓦，其中可开发利用的70多亿千瓦，相当于目前发电总量的十几
倍。目前，海洋能源作为新能源和可再生能源的复合能源，受到人们的关注，
越来越多的国家正把海洋能源的开发利用列为海洋开发的重要课题，正在开拓
中的海洋可再生能源在不久的未来将形成具备一定规模的海洋产业。

　　除此之外，海水蕴藏的铀约有40亿～50亿吨，是陆地储量的数千倍。海
水中的氘和氚资源蕴藏量丰富，如果将海水中的氘通过核聚变方式向人类提
供能源，可供人类利用几百亿年。海底的石油储量约有1000亿～3000亿吨，为
陆地可开采量的1.5倍。1971年，美国科学家在海底发现了一种新能源——天然
气水合物，即可燃冰。专家估计海底储量有10万亿吨，据说可供开采利用100
万年。1997年美国科学家在大西洋西部的布莱克海脊发现了一个固态甲烷储藏
地，其储藏量相当于150亿吨煤。

四、海洋是人类的"大药房"

　　我国工程院院士管华诗先生曾说过：海洋不仅为人类提供食品、能源和
矿产，而且是人类未来的大药房。海洋面积广阔，物产丰富。动物界28个主要
动物门有26门生活在海洋水域，低等海洋生物物种更多达15万～20万种，据估
计约有50余万种动物和1.3万余种植物栖息于海洋环境之中，海洋生物物种的
丰度远高于陆地生物。生长在海洋这特殊环境(高盐、高压、缺氧、缺少光照
等)中的海洋生物，在其生长和代谢过程中，产生并积累了大量具有特殊化学

结构并具特殊生理活性和功能的物质。

民间传说神农氏为著《本草经》尝百草，一日而遇七十毒。他在采集和尝试的过程中发现各种药物，为人民防病治病。神农《本草经》收载的海洋药物就有十多个品种，如牡蛎、海藻、乌贼骨、海蛤、大盐、贝壳和蟹等。在随后的历史药物书籍中，随着祖先对海洋生物的逐渐了解，海洋药物品种逐渐有所增加，到明清时代，总数已经多达100多种。由于海洋生物不易捕捞和采集，其药用生物总数远不及陆生生物多。但是，海洋药物的利用历史和民间的用药经验，已经成为我国中医药学不可或缺的一部分。

目前为止，科学家已从20多万种海洋生物中筛选出具有药理活性的海洋生物数千种以上。同时还从海洋矿产和黑泥中发现和提炼出多种药物。日本、美国和英国等国家迄今已在海洋生物中发现并提取出3000多种具有医用价值的生物活性物质，在获取抗菌、抗病毒、抗癌和抗心血管药物方面已取得了明显的成效。

我国海洋药物研发取得不俗进展，已经向市场推出数十款海洋药物。在我国学者的呕心沥血下，《中华海洋本草》于2009问世，全书由《中华海洋本草》主篇与《海洋药源微生物》《海洋天然产物》两个副篇构成，共9卷，引用历史典籍500余部，现代期刊文献5万余条，合计约1400万字。其中主篇收录海洋药物613味，涉及药用生物以及具有药用开发价值的物种1479种，另有矿物15种。附有1500幅彩色图片、700余幅黑白图片和21幅具有代表性的重要药材的指纹图谱，详细记载了物种的化学成分和药物毒理作用，是迄今为止我国收录信息量最大的海洋药物专著。

此外，浩瀚的海洋空间也正引起人类越来越大的兴趣，除了传统上作为海上通道之外，工程师们正在开拓新的利用领域，包括建设海上城市、海上机场、海下桥梁、海底隧道、海底仓库等，以期拓展人类生存的空间。就我国而言，青岛胶州湾海底隧道就是巧妙利用了海洋空间资源，将青岛和黄岛地区通过海底隧道连接起来，大大方便了两地的交流。同时，海水本身也是一种重要资源，它不仅可以通过脱盐处理变成淡水，供人类饮用和利用，也可以直接用于工业冷却、印染、清洁、消防，甚至将来有可能直接用于农业灌溉。

图2-5 《中华海洋本草》

海洋是如此富饶，它可以为人类提供食物、能源、矿物、水源、化工原料乃至于广阔的生存发展空间，可以说当今社会所面临的一切严重问题，几乎都可以从海洋中找到出路。

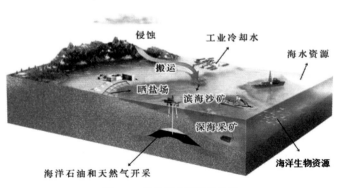

图2-6　海洋部分资源展示图

人类要维持自身的生存与发展，在现实的条件下，充分利用地球上这块最后的资源宝库，拓展海洋利用空间和提升海洋资源利用效率，是最为切实可行的途径。因此，海洋科学技术目前已成为世界各国争先发展的高科技领域。在21世纪，海洋利用相关科技必将成为人类最为重要的、支柱性的高科技之一。

　　海洋是人类共同的财富，人们翻开数千年来人类开发海洋的历史画卷则不难看出，海洋对于人类进步和社会发展是至关重要的。早在2500多年前古希腊海洋学家狄米斯·托克利就有一句"谁控制了海洋，谁就控制了一切"的名言。在21世纪的今天，人们越来越强烈地意识到由于陆地资源的日趋紧张，人类将在当下世纪更多地依赖这一占地球面积2/3以上，且远未被充分合理开发利用的海洋，人类也认识到民族的强盛和国家繁荣与海洋是密切联系在一起的，海洋将会为未来社会经济的发展提供更加丰富的资源和广阔的空间。

　　自古以来，凡是重视海洋的国家都成了发达国家。在我国，郑和七下西洋是明代最为鼎盛的时期。1492年哥伦布从西班牙出海发现美洲大陆，带给了西班牙200年的繁荣。继西班牙之后，荷兰海洋事业发展起来，称雄一时。16世纪后，英国大力发展海洋事业，在1588年打败荷兰无敌舰队之后，称雄世界。其凭借强大的海上力量，占领了遍布世界各地的众多陆地和岛屿，号称"日不落"帝国。时至今日，作为世界上唯一的超级大国，美国依旧重视海军的发展，其海上舰队在世界多地均有驻扎，凭借强大的军事力量，控制着多个世界通道，维持其超级大国地位。历史一再告诫世人，凡是海洋事业强大的国家，大都是发达国家；所有沿海国家的发达地区，几乎都集中在临海地区。由此可见，海洋的利用和发展对一个国家和一个民族的繁荣富强发挥着举足轻重的作用。

不仅如此，国际区域也是各国关注的重要战略目标。位于国家管辖区域以外的国际海底区域内蕴藏着丰富的战略金属、能源和生物资源，是人类的共同财产，是21世纪重要的陆地可代替资源。20世纪50年代始，美国、德国、英国、日本等一些发达国家相继开展了海底多金属结核资源勘探活动，使最具商业潜力的太平洋多金属资源富矿区至20世纪80年代几乎被瓜分完毕，同时，商业性开采的采矿冶炼试验及技术发展工作也有较大进展。我国于20世纪70年代末开始国际海底区域勘查活动。1991年，中国大洋矿产研究开发协会在联合国登记注册为国际海底开发先驱投资者，申请在太平洋划定1.5万千米²的海底区域开发。据大洋协会提供的资料，我国拥有的7.5万千米²专属勘探区位于东太平洋海盆C-C断裂带，水深4900～5000米，初步计算约有4.2亿吨金属结核、11175万吨锰、406万吨铜、514万吨镍、98万吨钴。

海洋是人类可持续发展的重要基地，海洋是人类未来的希望，开发利用海洋是解决当前人类社会面临的人口膨胀、资源短缺和环境恶化等一系列难题的极为可靠的途径。海洋开发利用的前景诱人，世界上许多国家视海洋为开拓地，制定面向海洋、开发海洋、向海洋进军的国策。人们开始认识到，海洋是21世纪确立国家地位和经济实力的决定性因素之一，发展海洋事业已成为全球经济发展大趋势和沿海国的战略重要选择方向。作为海洋的主体，海水资源的开发利用也必将发挥重要的作用。

第三节　海水的起源与性质

一、海水的起源与演化

我们习惯于海水的潮涨潮落，习惯于海洋的广阔与浩瀚，但是我们并不清楚海水的来源和海洋的来源。早在46亿年前，地球诞生之初时表面上是没有水的，更没有海洋。水来源于何处，海洋又从何而来呢？为了解海洋的起源，几千年来，世界上不知道有多少人历尽千辛万苦，甚至耗尽了毕生的精力和心血。

海水的形成与地球物质整体演化作用有关。一般认为海水是地球内部物质排气作用的产物，即水汽和其他气体是通过岩浆活动和火山作用不断从地球内部排出的。现代火山排出的气体中，水汽往往占75％以上，据此推测，地球原始物质中水的含量应当较高。地球早期火山作用排出的水汽凝结为液态水，积聚成原始海洋，还有些火山气体溶解于水，从而转移到原始海洋中，而另一些不溶或微溶于水的气体则组成了原始大气圈。

在漫长的地球演化过程中，海水因地球排气作用不断累积增长，最初的原始海洋体积可能有限，深海大洋的形成也要晚些。根据对海洋动物群种属的多样性分析，至少在前寒武纪[①]就出现了深海大洋。海水的化学成分，一是来源于大气圈中或火山排出的可溶性气体，如CO_2、Cl_2、H_2S、SO_2等，这样形成的是酸性水；二是来自陆上和海底遭受侵蚀破坏的岩石，受蚀破坏的岩石为海洋提供了Na^+、Mg^{2+}、K^+、Ca^{2+}、Li^+等阳离子。目前海水中阴离子的含量，如Cl^-、F^-、SO_4^{2-}、HCO_3^-等远远超过从岩石中吸取出的数量。因此，海水中盐类的阴离子主要是火山排气作用的产物，而阳离子则由被侵蚀破坏的岩石产生，其中有很大部分是通过河流输入海洋的。另外，受侵蚀的岩石也为海洋提供了部分可溶性盐。

前寒武纪晚期以来，尽管地球上的海水量继续增加，特别是各种元素和化合物从陆地或通过火山活动源源不断地输入海洋，然而，海洋生物调节着海水的成分，促使碳酸盐、二氧化硅和磷酸盐等沉淀下来，硫酸盐、氯化物的含量相对增加，钙、镁、铁等大量沉淀，钠则明显富集，于是海水的成分逐渐演变而与现代海水成分相近。根据对动物化石的研究，在显生宙[②]期间，海水的盐度变化不大。这说明，由于海洋生物的调节作用，世界大洋水的成

图2-7 美丽的海洋

---

①　前寒武纪是自地球诞生到距今约5.7亿年寒武纪开始的这段时间，在这个时期前生物已经出现，但其进化长期停滞在很低级的阶段。

②　显生宙是距今5.7亿年以来有大量生物化石出现的时期，表示在这个时期地球上有显著的生物出现，它包括古生代、中生代和新生代，寒武纪为古生代中的一个最早的时期。

分自古生代以来已处于某种平衡状态。

总之，大洋海水的体积和盐分的显著变化发生在前寒武纪的漫长地球历史时期，自古生代（始于约5.7亿年前）以来，大洋水的体积和盐度已大体与现代相近。

二、海水性质

水是我们平常最熟悉不过的物质，可以毫不夸张地说，没有水就没有生命。几乎所有的水的物理和化学行为在自然界中都是与众不同的。它具有一系列独特的性质。

从微观角度来讲，水分子是由1个氧原子和2个氢原子构成。在自然界中，氢元素是分布最为广泛的元素，氧元素则是含量最多的元素。假若两个氢原子核对称分布于氧原子两侧，三者的圆心成一条直线，那么，正、负电荷的极性可恰好抵消。但是，在实际情况中，水分子结构并非是对称的，三者的圆心连线成120°，所以水分子是极性分子。各水分子之间因极性又互相结合，形成比较复杂的水分子，但水的化学性质并未改变，这种现象称为水分子的缔合。缔合分子与温度有关，温度升高时促使缔合分子离解，温度降低时有利于分子缔合，从而导致水与其他液体或其他氧族元素的氢化物相比，在性质上产生差异。由于上述原因，水的冰点和沸点比氢和氧的高很多。高的沸点，可以避免水过早汽化，使自然界有水可用；高的冰点，又保证水的流动性，充满生机。水是自然界比热容最大的物质。

水是地球上仅次于空气的最活跃的物质。在海面以水蒸气形式进入空气，被风带到大陆，以雨、雪、霜的形式降落地表，汇集成细流、小溪、河流入海，或渗透到土壤中，再以泉水的形式重新出现在地面，最终又从陆地返回海洋。在海洋里，有巨大的水流——海流，把大量的冷水或热水从地球的一处带到另一处。即使是山上的冰川以及北极和南极，也有活动的水，由于冰具有塑性，在重力作用下逐渐沿山坡和河谷向下滑动，使冰川的末端下降到海中，漂浮、折断成为冰山，冰山被风和海流破碎，消融在海洋里……正是由于水的这种活跃性，全世界才会形成一种水的平衡和热量的平衡。

海洋覆盖地球表面71%的面积，约3.62亿千米^2，海水总量约14亿千米^3，占地球总水量的97%以上。海水与河水、湖泊水以及地下水等不同，属于苦咸水，是由各种盐组成的混合物。其中含量较多的为氯化钠，也就是食用盐。海水中的盐分并不是一成不变的，也不是均匀分布的，它随着地理位置分布，水深和季节等条件的不同而不同，但是，因为海洋是相通的，通过大规模的循环、对流、扩散等作用，其盐度①可以保持在一定范围之内，约为33～38，所以相对而言，盐度处于一个比较恒定的状态。而且，海洋之中的组成元素比值基本是恒定的，一般情况下不会有太大的变化。

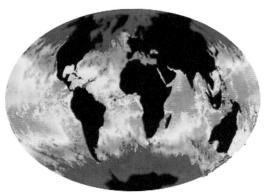

图2-8　海表温度分布
（蓝色为低温，橙色为高温，黑色为陆地）

海水的平均盐度为35，其中溶解着多种化学元素，目前世界上已发现的元素有100多种，超过80多种都能在海洋中找到。海洋中主要包含的化学成分有：钠、镁、钙、钾、锶、氯、硫酸根、溴、碳酸氢根（含碳酸根）、氟、硼酸等，这些成分约占海水中溶解物的99.9%以上。每千克海水中的钠、镁、钾、溴的含有量分别为10.56克、1.27克、0.38克、0.065克。海水中含有丰富的化学资源，除了日常所知的食盐（氯化钠）外，海水提取溴、镁、钾等也是工业关注的重点，而且海水中的微量元素氘、铀等则是发达国家研究海水利用的重点。

海水属于弱碱性水体，其pH值通常在7.5～8.4之间。海水盐度的变化，主要取决于影响海水水量平衡的各种自然因素和过程，如降水和蒸发、结冰和融冰、径流入海量等。海水中含有营养盐，它们对海水中植物的生长至关重要，如磷酸盐、硝酸盐、铵盐等。海水水温在-2℃～30℃，见图2-8，就空间分布而言，赤道地区海水温度最高，两极地区海水温度最低；表层水温较高，随深度增加而呈现不均匀的降低。海洋中溶解着氧气，溶氧量一般随着温度、盐度的增高而降低。与对淡水的认知不同，海水的冰点要低于零摄氏度，其沸点高于100℃。海水具有较大的渗透压，且随着盐度的增加、温度的提高而加大。海水具有较高的电导率，一般比江河湖水高出数个数量级。

① 根据1978年实用盐标的定义，盐度的定义为：在一个标准大气压下，15℃的环境温度中，海水样品与标准KCl溶液的电导比。

第三章

向海洋要淡水——海水淡化

几千年人类发展史表明：人类文明的形成与发展都与水密切关联，世界四大文明古国最初都是以大河为基础发展起来的。当前，淡水资源危机已经成为仅次于全球气候变暖的世界第二大环境问题，是全球最受关注的重大问题之一。水资源短缺引发的争议和冲突不断，水资源在国际政局中的重要性也越来越清晰。特别是随着全球水资源短缺问题的加剧，水安全已经成为国家安全的一个重要组成部分。

水是人类赖以生存的基础，尤其是工业革命之后，随着工业的迅速发展和全球人口的增长，水资源也逐渐变得紧张稀缺。如何保证人类的正常用水和工业化经济用水的需求，已经成为各个国家竞相努力和研究的方向。海水淡化的理念和可操作性无疑为全世界各国带来了福音。

那么，海水是如何由苦咸涩口、难以下咽的卤水变为甘洌可口的淡水呢？世界上海水淡化的发展又是如何呢？我国未来的海水淡化将走向何方？在这里，我们将一一进行解答。

第一节　海水淡化现状

我们无法去追究是工业文明还是人口无休止的增长使我们面临了这场水的危机：早在20世纪70年代中期，由于众多的河流遭到严重污染，全世界有70%的人无法保证卫生、安全地用水。淡水资源的日益匮乏，使人们一再把目光投向浩瀚的海洋，只要将导致海水又苦又咸的盐类物质从海水中去除，就能获得可供人类饮用的淡水。地中海中部的马耳他，建有世界上较大的反渗透海水淡化厂，海水在这里乖乖地缴械投降，变成卫生的淡水，为岛上的数万居民和前来观光的旅游者提供淡水服务。

海水淡化即利用海水脱盐方式从海水中获取淡水。一方面，海水淡化可以不受时间、空间、季节和气候的影响，这一特点增加了淡水资源的总量，保证了人类生存发展的生活用水和工业用水需求；另一方面，随着海水淡化技术的成熟和发展，使从海水中提取淡水的成本逐步降低，价格更易于被人们接受。因此，海水淡化越来越受到人们的青睐。

最早进行海水淡化的记录无从查询，现有的一些资料证明，将海水做脱盐处理的历史可以追溯到公元前1400年，一些海边居民通过简单的蒸馏操作即可得到淡水。早在400多年前，英国王室就曾悬赏征求经济合算的海水淡化方法。随后，简易的海水蒸馏装置开始出现，主要用在远航船上为船员提供淡水。1560年，世界上第一个陆地海水脱盐厂在突尼斯的一个海岛上建成；1675年和1683年，海水蒸馏淡化的专利在英国诞生，并开始出现对海水蒸馏淡化的报道；19世纪以来，由于蒸汽机的发明，更多国家开始对海水淡化展开研究，以期达到远洋扩张的目的，海水淡化技术自此逐步发展起来；1872年，智利研发出了世界首台太阳能海水淡化装置，日产2万吨淡水；1898年，沙俄投产了本国第一家基于多效蒸发原理的海水淡化工厂，日产淡水达到1230吨。20世纪早期，仅有英国、美国、法国和德国少数几个国家掌握海水淡化设备制造技术，也只有在蒸汽轮船上和中东少数几个港口使用到海水淡化装备。第二次世界大战期间，海水淡化以蒸馏法为主得到了大力发展。战后中东地区石油遭到国际资本的大力开发，为解决该地区淡水资源短缺问题，海水淡化产业得到了大规模发展。

世界著名的海水淡化公司有以色列IDE公司、法国威立雅公司、新加坡凯发公司、日东电工、韩国斗山重工、美国陶氏、西班牙百菲萨、美国通用、德国西门子、日本丽东等。

海水淡化作为一项海洋产业，按照海水淡化机理的不同，可分为蒸馏法和膜法两类。随着各国的重视和探索，目前已经研究出多种海水淡化的方法，包括反渗透（RO）、多效蒸馏（MED）、多级闪蒸（MSF）、电渗析（ED）、压汽蒸馏（MVC）和利用核能、太阳能、风能、潮汐能海水淡化技术等等，以及微滤、超滤、纳滤等多项预处理和后处理工艺。其中多级闪蒸、多效蒸馏和反渗透是当今海水淡化的三大主流技术。蒸馏法主要包括多级闪蒸、多效蒸馏和压汽蒸馏，另外，冷冻法也被认为是蒸馏法的一种。膜法利用了渗透压的原

ward

理，主要包括反渗透、电渗析等。虽然当今海水淡化技术较多，但是国际上普遍认可和接受的，并且已被大规模商业化应用的是多级闪蒸、多效蒸馏和反渗透海水淡化技术。一般而言，多级闪蒸法具有技术成熟、运行可靠、装置产量大等优点，但能耗偏高；多效蒸馏法具有节能、海水预处理要求低、淡化水品质高等优点；反渗透法具有投资低、能耗低等优点，但海水预处理要求高。一般认为，多效蒸馏法和反渗透法是未来方向。

当下，全球海水淡化日产量约3500万米³，其中80%用于饮用水，解决了1亿多人的供水问题，即世界上约1/70的人口靠海水淡化提供饮用水。全球有海水淡化厂1.3万多座，海水淡化作为淡水资源的替代与增量技术，愈来愈受到世界上许多沿海国家的重视；全球直接利用海水作为工业冷却水总量每年约6000亿米³左右替代了大量宝贵的淡水资源；全世界每年从海洋中提盐5000多万吨、镁及氧化镁260多万吨、溴20多万吨等。海水淡化需要大量能量，所以在不富裕的国家经济效益并不高。沙特阿拉伯的海水淡化厂占全球海水淡化能力的24%（见图3-1）。阿拉伯联合酋长国的杰贝勒阿里海水淡化厂第二期是全球最大的海水淡化厂，每年可产生3亿米³淡水。

截至目前，世界已有150多个国家和地区应用海水淡化技术获得淡水。未来五年，全球海水淡化产业规模仍处于快速增长期。低耗能仍将是海水淡化产业发展主力方向，各种降能耗的技术、工艺将如雨后春笋般蓬勃发展。蒸馏法与反渗透法、超滤膜与反渗透膜等工艺耦合技术应用将愈加普遍；利用太阳能、风能等新能源进行海水淡化的新技术发展迅速；淡化后浓海水化学资源综合利用受到广泛关注。

世界上有数十个国家的一百多个科研机构在进行着海水淡化的研究，有数百种不同结构和不同容量的海水淡化设施在工作。一座现代化的大型海水淡化厂，其海水淡化能力和规模在数千吨至百万吨之间不等。随着技术的进

图3-1　沙特阿拉伯多效蒸馏海水淡化厂

步，海水淡化的成本也在不断地降低，其中，典型的大规模反渗透海水淡化吨水成本已从1985年的1.02美元降至2013年的46美分，之后几年在成本的组成、运行及维护、能源消费和投资成本均逐年下降。目前各占总成本的1/3。某些地区的淡化成本已经降低至和自来水的价格差不多。可以预见，随着技术成本的降低，淡化水将在沿海国家的淡水供应中占据更多的份额。

我国海水淡化历史较短。新中国成立初期，我国领导人已经意识到海水淡化的前景和将来在社会中的作用，因此对海水淡化的研究给予了支持。在1958年，我国著名的膜法水处理专家石松[①]研究员等首先在我国开展离子交换膜电渗析海水淡化研究。而在此前1953年美国C.E.Reid建议美国内务部将反渗透研究列入国家计划。在前期研究工作的基础上，1967年国家科委组织全国海水淡化会战，组织全国在水处理和分析化学、材料化学、流体力学等各个学科领域的精英人员会战海水淡化。1970年，会战主力汇集到我国浙江省的杭州市，组织了全国第一个海水淡化研究室。此期间，他们一直用电渗析技术进行海水淡化，研制成功海洋监测专用微孔滤膜，建成了当时世界最大的电渗析海水淡化站——西沙永兴岛200米³/日海水淡化站，该站的建立实现了淡水成本是船运淡水成本四分之一的目标。至此，我国曾一度在海水淡化方面成为世界领头羊。但是由于特殊历史时期的原因，我国科学研究工作在随后的近十年间几乎全部停摆，导致海水淡化技术发展进展缓慢，逐步丧失了优势。直至1982年，国家决定大力发展海水淡化技术，经中国科协学会部批准，中国海水淡化与水再利用学会在杭州成立。但是，因为海水淡化事业经历了十年浩劫，整体实力还是有所削弱，反观国外，远在大洋彼岸的美国的全芳香族聚酰胺复合膜及其卷式元件已经赫然问世。1984年，国家海洋局以海水淡化研究室为主体，组建国家海洋局杭州水处理技术研究开发中心，中国开始对膜技术重视了，但是，美国海水淡化用复合膜及其卷式元件已经大面积商业化了，投入到国家和民用中去了，至此，反渗透膜技术都被国外所垄断。1991年，国家为了追赶膜方面的技术与世界的差距，国家科委以国家海洋局杭州水处理技术研究开发中心为依托，组建国家液体分离膜工程技术研究中心，并开始研制国产反渗透

---

① 石松（1926.9-2001.3），国家海洋局第二海洋研究所原副所长、顾问，国家海洋局东海分局原副局长，国家海洋局天津海水淡化与综合利用研究所原所长。我国少有的几位在国际膜科技界有较大影响的科学家之一，多次在国内外召开的"膜与膜过程研讨会"上任副主席、中方主席，与国外相关学会有密切的联系。在国内外发表有影响的论文多篇，多次赴国外进行海水淡化考察。

膜。1997—2000年，我国先后建成了500米³/日、1000米³/日反渗透海水淡化装置，但是反渗透膜技术依旧没有实现自主产权。直到2001年，国家海洋局杭州水处理技术研究开发中心实行集团化分体管理，所辖三个控股的中外合资公司，两个中资公司和一个研发中心。同一年，杭州北斗星膜制品有限公司正式公开问世，从此，我国用上了自己的反渗透膜产品，享有完全自主知识产权、由中国制造、具有民族品牌的高性能复合膜元件开始投放市场，我国成为世界上第四个掌握自主反渗透膜技术的国家。2005年，《海水利用专项规划》正式发布，该文件为我国第一个海水利用的指导性纲领文件；2007年，辽宁红沿河核电海水淡化工程建设成功，是我国首个核电站海水淡化系统，该工程于2010年一期完成正式通水；2008年，众和海水淡化公司出口印度尼西亚两台低温多效海水淡化设备，标志我国海水淡化技术开始走向国际。"十二五"期间，国家高度重视海水利用发展。国务院办公厅、国家发展改革委、科学技术部、国家海洋局相继出台了发展海水淡化产业的意见和专项规划，促进了海水利用迅速发展、工程规模进一步扩大。到2015年底，我国已建成海水淡化工程121个，全国海水淡化工程总规模超过100万吨/日，其中海岛海水淡化工程规模为11万吨/日。最大反渗透海水淡化工程规模达到10万吨/日，最大低温多效蒸馏海水淡化工程规模达到20万吨/日。形成了具有自主知识产权的万吨级海水淡化技术。实施了"以电补水"、"供电价格优惠"等政策，探索建立了海水淡化循环经济发展、工业园区"点对点"海水淡化供水、控制用水指标促进海水淡化应用、海水淡化与自来水公司一体化运营等助推模式。海水淡化装备出口海外，开展了对外技术支持、技术咨询、培训服务等。

经过近50多年的研发和示范，我国海水淡化技术已日趋成熟，为大规模应用打下了良好基础。我国现已成为世界上少数几个掌握海水淡化先进技术的国家之一。受制于成本因素，我国海水淡化的实际应用发展速度仍较为缓慢。根据国家海洋局的数据，2012年我国建成海水淡化工程95个，海水淡化产能为77.44万吨/日。2015年底，新增海水淡化工程26个，新增产能23.44万吨/日，平均每年新增产能为5.86万吨/日。从新建工程规模上来看，产能规模91%的增长来自于万吨以上级别的新建工程，剩下8%来自千吨以上万吨以下级别的新建工程，只有不到1%来自于千吨以下的新建工程。从新建工程数量上来看，千吨以下级别的新建工程数量为14个，万吨以上级别的新建工程数量为7个，千吨以上万吨以下级别的新建工程为5个。因此从2012到2015年，我国海水淡化新建产能的主要增长来自于万吨以上级别的大型工程。

"十三五"时期是我国海水利用规模化应用的关键时期。作为海洋战略性新兴产业，海水淡化与海洋生物、海洋高端装备产业一起被列为"十三五"海洋经济创新发展区域示范重点支持的三大产业。国家海洋局发布的《2016年全国海水利用报告》（以下简称《报告》）显示，2016年，全国新建成海水淡化工程10个，新增海水淡化工程产水规模17.92万吨/日。全国已建成万吨级以上海水淡化工程36个，产水规模105.96万吨/日。截至2016年底，全国海水淡化工程在沿海9个省市分布，主要是在水资源严重短缺的沿海城市和海岛。北方以大规模的工业用海水淡化工程为主，主要集中在天津、山东、河北等地的电力、钢铁等高耗水行业；南方以民用海岛海水淡化工程居多，主要分布在浙江等地，以百吨级和千吨级工程为主。《报告》显示，海水淡化水的终端用户主要分为两类：一类是工业用水，另一类是生活用水。截至2016年底，海水淡化水用于工业用水的工程规模为79.13万吨/日，占总工程规模的66.61%。用于居民生活用水的工程规模为39.27万吨/日，占总工程规模的33.05%。用于绿化等其他用水的工程规模为3975吨/日，占0.34%。

　　当下，国际上，海水淡化继续保持快速发展态势，主流技术日趋成熟，新技术研发活跃；海水利用产业朝着工程大型化、环境友好化、低能耗、低成本等方向发展。全球海水淡化年增长率达到8%，淡化工程规模已达8655万吨/日，60%用于市政用水，可以解决2亿多人的用水问题。一批沿海国家加强政策制定、加大资金投入、抢占技术制高点，不断扩大海水淡化应用规模。"十三五"期间，水资源短缺依然是制约我国经济社会发展的主要因素之一。"十三五"规划纲要明确提出要"以水定产、以水定城"和"推动海水淡化规模化应用"，以此在一定程度上缓解水资源短缺的压力。随着沿海经济社会的快速发展，在沿海形成了一批钢铁、石化等产业园区和示范基地，高耗水行业呈现向沿海集聚的趋势，海岛保护性开发出现了新的态势。与此同时，沿海部分地区存在地下水超采和水质性缺水严重等问题，水资源供给的压力越来越大，急需寻找新的水资源增量。"一带一路"倡议及西部开发战略的实施为海水利用带来新的机遇和更广阔的市场空间。"海洋强国"建设需要加快提高海水利用创新能力和装备国产化水平，增强海水利用产业实力。面对新形势、新要求，目前海水利用仍存在着诸多问题。根据"十三五规划"，到2020年，全国海水淡化总规模达到220万吨/日以上。沿海城市新增海水淡化规模105万吨/日以上，海岛地区新增海水淡化规模14万吨/日以上。海水淡化装备自主创新率达到80%及以上，自主技术国内市场占有率达到70%以上，国际市场占有率提升10%。

第二节　蒸馏法海水淡化

一、多级闪蒸（MSF）海水淡化

多级闪蒸技术指的是将海水加热到一定的温度后，引入压力逐渐降低的闪蒸室内，层层蒸发，最终将蒸汽冷凝得到淡水的过程。多级闪蒸工艺流程可表述为：将经过澄清和加氯消毒处理的海水送入排热段作为冷却水，流经排热段后，海水被加热到一定温度，大部分又排回海中，小部分作为进料海水（补给海水）经预处理后从排热段末级闪蒸室进入第一级闪蒸室，由于该闪蒸室中的压力控制在低于热盐水温度所对应的饱和蒸汽压的条件下，故热盐水进入闪蒸室后即成为过热水而急剧地部分汽化，从而使热盐水自身的温度降低，所产生的蒸汽冷凝后即成为所需要的淡水。经过多个闪蒸室逐级降压，海水便逐级降温，即可连续产出淡化水。多级闪蒸海水淡化就是以此原理为基础，使海水依次流经若干个压力逐渐降低的闪蒸室，逐级蒸发，就可连续产出淡化水；温度逐级降低，到末端，海水温度最低。最常见的装置为20～30级，有的装置可达40级以上。

目前多级闪蒸法技术最成熟，运行安全性高，适合于大型和超大型淡化装置，主要在海湾国家采用。多级闪蒸的造水比，是所得淡水（蒸馏水）的质量与所耗加热蒸汽的质量之比，是淡化厂经济效益的直接体现。小型装置的造水比较小，大型装置的造水比较高，如日产淡水几百吨或四五千吨的装置，造水比一般为5～8；日产淡水1万吨的装置，造水比多在10左右；日产淡水四五万吨的装置，造水比可达13～14。

多级闪蒸具有可靠性高、防垢性能好、易于大型化等优

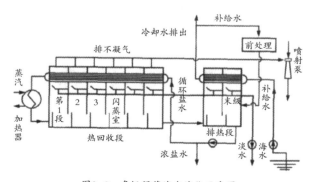

图3-2　多级闪蒸海水淡化示意图

点，因此在20世纪50年代一经问世便很快得到应用和发展。目前，全球淡化水总产量的一半以上是由多级闪蒸获得，同时，多级闪蒸也是单机容量最大的海水淡化方法（可以达到10万吨/日），适用于大型和超大型海水淡化装置。在实际应用中，多级闪蒸海水淡化项目常和火力电站联合运行，以汽轮机低压抽汽作为热源，实现水电联产。

虽然多级闪蒸海水淡化优点较多，但是并不是不存在缺点：如设备腐蚀较快、动力消耗大、传热效率低及设备操作的弹性小等。但是，技术是在不断进步的，在科研人员的不断努力下，多级闪蒸技术在工艺改进、混合技术运用以及热效率提高等方面都有了很大的进步，仍然是现在公认的最成熟可靠的海水淡化技术。世界上最大的多级闪蒸海水淡化厂是沙特阿拉伯的Shoaiba海水淡化厂，日产淡水46万米^3。

我国比较有代表性的多级闪蒸海水淡化厂为天津大港发电厂。天津大港发电厂位于天津市东南部，渤海之滨，安装四台意大利进口的328.5兆瓦发电机组，装机总容量1314兆瓦，是国家电力公司特大型发电企业、华北电网主力。该厂引进了美国环境公司的两套多级闪蒸海水淡化装置，是国内海水综合利用水平较高的企业之一，单台装置日产水量3000吨，属于目前全国较大的海水淡化设施。如今业务范围包括供水管理，海水和苦咸水淡化，工程服务，城市污、废水处理，利用海水先后开发了纯净水、矿化水、果汁饮料等系列产品。

大港电厂能有如今的规模主要经历两个阶段：一期工程于1974年12月动工，共安装两台意大利燃油发电机组（1、2号）。首台机组1978年10月4日并网发电，是当时全国单机容量最大的火力发电机组。两台机组汽轮机采用单轴、双缸、双排汽、中间再热凝汽式汽轮机，额定出力328.5兆瓦，发电机额定容量376470千伏安，额定电压2万伏。机组控制系统采用820自动控制系统。2001年10月一期机组进行了大规模燃煤改造，安装了上海锅炉厂生产的1080吨/时亚临界平衡通风固态排渣汽包炉，更换了ABB公司DCS自动控制系统，并加装了高效除尘、脱硫装置，工程被列为国家重点技术改造项目，投资14.9亿元，于2005年5月全部竣工投产。二期工程于1988年动工，是国家"七五"工程重点项目，继续引进了两台意大利328.5兆瓦燃煤发电机组（3、4号），其中锅炉为亚临界强制循环、平衡通风、辐射再热燃煤汽包炉，额定蒸发量1100吨/时，每台锅炉配有4台双进双出钢球磨煤机，燃烧方式为半直吹式，采用高效静电除尘系统。汽轮发电机组与一期参数基本相同。两台机组采用N90集散控制系统控制，汽机调节系统经改造后采用新华控制公司的DEH−ⅢA数字电液调节控制系统，技术水平在国内保持领先地位。

　　在目前技术已经相对成熟的条件下，淡化水在应用上也有自身优势。现在，水厂每年要为医院、实验室和电子厂提供上万吨符合标准的高纯度纯净水，水质指标达到了医用蒸馏水的标准。

二、多效蒸馏（MED）海水淡化

　　多效蒸馏即MED法，是指海水的最高蒸发温度小于70℃的海水淡化技术，该方法是将一系列的水平管喷淋降膜蒸发器或垂直管喷淋降膜蒸发器串联起来并被分成若干组，用一定量的蒸汽输入，通过喷淋海水多次的蒸发和冷凝，后面一效的蒸发温度均低于前面一效，从而得到多倍于加热蒸汽量的蒸馏水。在多效蒸馏工艺中，多效蒸发器单一的蒸发凝结制水单元称为"效"，加热蒸汽由"首效"流向"末效"，"首效"的温度和压力最高。本法适用于依托电厂、化工厂建设的大型海水淡化项目，对海水水质适应性强，且需要有低品位蒸汽可以使用，产水纯度要求较高。

　　海水首先进入冷凝器中预热、脱气，而后被分成两股物流。一股作为冷却水排回大海，另一股作为蒸馏过程的进料。进料海水加入阻垢剂后被引入到蒸发器的后几效中。料液经喷嘴被均匀分布到蒸发器的顶排管上，然后沿顶排管以薄膜形式向下流动，部分水吸收管内冷凝蒸汽的潜热而蒸发。二次蒸汽在下一效中冷凝成产品水，剩余料液由泵输送到蒸发器的下一个效组中，该组的操作温度比上一组略高，在新的效组中重复喷淋、蒸发、冷凝过程。剩余的料液由泵往高温效组输送，最后在温度最高的效组中以浓缩液的形式离开装置。生蒸汽被输入到第一效的蒸发管内并在管内冷凝，管外海水产生与冷凝量基本等量的二次蒸汽。由于第二效的操作压力要低于第一效，二次蒸汽在经过汽液分离器后，进入下一效传热管。蒸发、冷凝过程在各效重复，每效均产生基本等量的蒸馏水，最后一效的蒸汽在冷凝器中被海水冷凝。第一效的冷凝液返回蒸汽发生器，其余效的冷凝液进入产品水罐，各效产品水罐相连。由于各效压力不同使产品水闪蒸，并将热量带回蒸发器。这样，产品水呈阶梯状流动并被逐级闪蒸冷却，回收的热量可提高系统的总效率。被冷却的产品水由产品水泵输送到产品水储罐。这样生产出来的产品水是平均含盐量小于5毫克/升的纯水。浓盐水从第一效呈阶梯状流入一系列的浓盐水闪蒸罐中，过热的浓盐水被闪蒸以回收其热量。经过闪蒸冷却之后的浓盐水最后经浓盐水泵排回大海。不凝气从每一效的冷凝管中抽出，最后在冷凝器富集，由真空泵抽出。

多效蒸馏法具有饱和态、低流阻、小温差等特点。多效蒸馏海水淡化法是蒸馏法中最节能的方法之一，由于节能的因素，近些年发展迅速，装置的规模日益扩大，成本也日益降低。多效蒸馏海水淡化

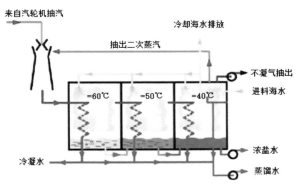

图3-3 多效蒸馏原理示意图

法在实际应用中主要与火电站联运，欧洲和亚洲一些火力电厂都有使用。

多效蒸馏海水淡化技术可以利用各种形式的低位热源，可以充分利用电厂、钢铁、石化等工厂产生的低品位蒸汽或余热，从而降低能耗和延缓结垢及腐蚀的发生，同时提供工业生产中所需的锅炉补给水和工艺纯水。多效蒸馏海水淡化技术与火电、钢铁、石化联产技术发展迅速，使得多效蒸馏海水淡化技术多用于工业用水。河北国华沧东电厂引入两台法国威立雅公司1万米^3/日及一台国产1.25万米^3/日多效蒸馏海水淡化设备，除供本电厂发电机组用水外，先后与中宝镍业、华润热电、中铁装备等多家大型企业签订了工业用水供应协议，正在分期向沧州市渤海新区供应淡水；同时将多余的淡水处理成符合国家饮用水标准的市政用水，输送至管网供居民饮用。据了解，国华沧电公司公寓职工每天所必需的200吨生活用水均来自本厂自产淡化水。

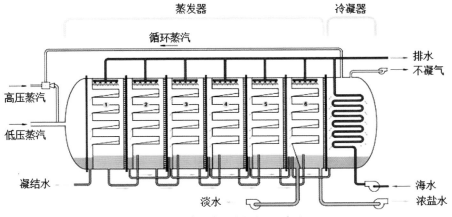

图3-4 多效蒸馏海水淡化示意图

多效蒸馏海水淡化技术具有以下特点：系统的热效率高，可采用双侧相变传热，因此具有传热系数高的优点，对于相同温度范围，所需传热面积少于多级闪蒸；系统的动力消耗小，低温多效淡化制造1吨淡水的动力消耗较小，为多级闪蒸1/3左右；系统的操作弹性大，一般是其设计值的40%～110%。此外，多效蒸馏海水淡化技术还具有预处理简单、系统可靠性高、投资较低等优势。

多效蒸馏海水蒸馏法因海水进料方式的不同而各具特点，主要包括顺流、逆流和平流，分别指海水流动路线与加热蒸汽流向相同、相反及各效都单独平行加入物料海水的方式。顺流进料方式下，高温区海水的含盐量低、低温区海水的含盐量高，海水可维持较高的浓缩比而不易结垢。但由于物料海水全部进入首效，海水过冷度大，加热蒸汽在冷凝过程中释放的潜热将大部分用于加热物料海水至饱和温度，使得加热海水产生二次蒸汽的加热蒸汽量的比重减小，从而导致系统热利用率降低，这在蒸发器效数较多时尤其突出。顺流进料方式还需要采用中间进料泵来实现各级物料海水的均匀喷淋，这样就增加了系统的复杂性与泵功的消耗。目前，也有采用塔式布置来省去中间进料泵的环节，但目前塔式常应用于小型海水淡化项目。逆流进料方式下，物料海水首先被引入低温效组，在此海水接受来自邻近的较热效的蒸汽而部分蒸发，在各效中剩余的海水已被稍微加热和浓缩，通过泵进入下一较热的效组。由于充分利用冷热流体的传热温差，逆流进料方式下物料海水过冷度最小，系统热利用率最高。但是，海水从末效到首效由后向前逐级浓缩，前面温度较高的效组同时也是高盐度的效组，这恰好与海水中易结垢盐类的析出趋势一致，因此逆流进料方式下海水容易发生结垢，一般需采用较严格的预处理措施。同时，为将海水由后面效组输送到前面效组，需要设置多台效间泵，通过效间泵将低压效组的海水逐级输送到高压效组，这就大大增加了系统的泵功消耗，也增加了系统控制和运行操作的复杂性。平流进料方式下，海水单独且平行地进入蒸发器各效组，各效的海水流量及浓缩比也相近，与顺流进料方式相比在海水过冷度方面区别不大。在平流进料方式下，将物料海水平行泵入所有效组即可，不需设置额外的效间泵对物料水反复输送，因此，平流进料的系统泵功消耗一般低于逆流进料和顺流进料，而且系统控制和运行操作也较为简单。针对平流进料下物料水过冷度大的问题，在工程应用中，可通过凝结水回热、二次蒸汽回热等手段加以弥补，还可将部分盐水回流后与物料海水混合，在物料海水浓缩比的许用范围内和保持蒸发器进料总量和喷淋密度不变的前提下适当提高物料海水温度。目前，平流和逆流进料因优点突出已成为大型海水淡化工程的主要进料方案。逆流进料方式下系统热利用率高，尤其适用于低温海水，目前已在位于渤海湾的国投北疆电厂2.5万吨级低温多效海水淡化工程中得到成功应用。平流进料方式下系统简单可靠，国华沧东电厂已建成的一、二期万吨级低温多效海水淡化工程均采用此方案，后续在建的2.5万吨级低温多效海水淡化工程设计中也沿用了这一成熟方案，并增设回热加热器抽取相应蒸发效的二次蒸汽加热物料海水，力求通过利用系统内部热量对物料海水进行多级预热以降低其过冷度。

多效蒸馏海水淡化技术主要的发展方向：一是装置规模的大型化和超大型化；二是新材料、新工艺的采用要求装置性能的提高；三是与核能等新能源的结合。

截至2017年9月北疆电厂二期工程已近收尾，完工后其环保指标将达到"超净"排放标准，真正实现燃煤绿色清洁排放。北疆电厂二期工程规划建设2×1000MW超超临界燃煤发电机组，配套建设30万吨/日海水淡化装置，工程各项技术均采用目前最新、最先进的节能环保技术。未来二期工程投产后，将同步实现集中供热并替代汉沽城区小燃煤锅炉。

图3-5　北疆电厂外景图

三、压汽蒸馏海水淡化法

19世纪末，工业的发展促进了机械式蒸汽压缩（Mechanical Vapor

Compression，MVC）方法的产生，稍后
又出现了热力式蒸汽压缩（Thermal Vapor
Compression，TVC）技术。压汽蒸馏海水淡化
技术，是海水预热后，进入蒸发器并在蒸发器
内部分蒸发，所产生的二次蒸汽经压缩机压缩
提高压力后引入到蒸发器的加热侧。蒸汽冷凝
后作为产品水引出，如此实现热能的循环利
用。

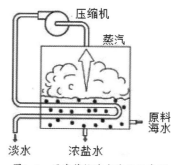

图3-6　压汽蒸馏海水淡化示意图

压汽蒸馏按操作温度可分为常压压汽蒸馏
和负压压汽蒸馏两种。从结构上，又分为水平管降膜喷淋式和垂直管降膜喷淋
式两种形式。前一种结构的优点是料液自液体分布器出来之后，在水平传热管
上以薄膜的形式分布，又依靠重力向下实现再分布，由于液膜分布薄且均匀，
因而传热系数高，并且蒸发器结构简单，在海水淡化领域得到广泛应用。

蒸馏法海水淡化技术是最早投入工业化应用的淡化技术，特点是即使在
污染严重、高生物活性的海水环境中也适用，产水纯度高。与膜法海水淡化技
术相比，蒸馏法具有可利用电厂和其他工厂的低品位热能、对原料海水水质要
求低、装置的生产能力大，是当前海水淡化的主流技术之一。

在反渗透法获得广泛应用的今天，蒸馏法依旧占有不少的市场。这主要
得益于蒸馏法的不断改进，近期，美国国际水能公司发明了一种称之为"快速
喷雾蒸馏法（RSD）"的海水淡化法，这种具有创新意义的海水淡化技术的原
理是将海水喷向热气流，使海水中的水分迅速变成水蒸气，而盐则成为固体。
这种方法既不浪费海水资源，也不需要对获得的淡水进行化学处理，可以直接
饮用。

第三节　膜法海水淡化

一、反渗透（RO）海水淡化法

反渗透法（RO）又称为超过滤法，是从1953年开始采用的一种膜分离海
水淡化法。用半透膜将淡水和盐水隔开，淡水自然就透过半透膜至盐水一侧，

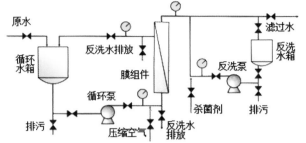

图3-7 反渗透海水淡化工作原理示意图

图3-8 反渗透海水淡化流程示意图

这种现象称为渗透。当渗透到盐水一侧液面达到某一高度时,渗透的这种自然趋势就会因压力的平衡而保持平衡,液面不再升高。这一平衡的压力称为渗透压,如果在盐水一侧加一个大于渗透压的压力,盐水中的水就会透过半透膜到淡水侧。这种与自然渗透相反的水迁移过程称为反渗透,利用该原理获取淡化水的技术即反渗透海水淡化技术。

反渗透法是在盐水侧施加压力迫使水分子通过半透膜进入纯水侧的过程。20世纪50年代,C. E. Reid等首先提出了反渗透海水淡化方案,并进行了开拓性试验研究。反渗透法海水淡化与蒸馏法对比,膜法海水淡化只能利用电能,蒸馏法海水淡化利用热能或电能。所以反渗透淡化适合有电源的场合,蒸馏法适合有热源或电源的各种场合。但是随着反渗透膜性能的提高和能量回收装置的问世,其吨水耗电量逐渐降低。反渗透海水淡化经一次脱盐,能生产相当于自来水水质的淡化水。虽然蒸馏法海水淡化水质较高,但反渗透技术仍具有较强的自身优势，如应用范围广，规模可大可小，建设周期短，不但可在陆地上建设，还适于在车辆、舰船、海上石油钻台、岛屿、野外等处使用。近20年来，随着预处理技术的改进、能量回收装置的使用和膜性能的优化等，反渗透海水淡化技术日益成熟，进入21世纪后反渗透法已经取代多级闪蒸法成为海水淡化市场的主导。

反渗透系统需要较好的预处理，才能保证出水水质。在海水淡化领域中，预处理是保证反渗透系统长期稳定运行的关键。由于海水中的硬度、总固体溶解物和其他杂质的含量均较高，在运行过程中，反渗透系统对于浊度、pH值、温度、硬度和化学物质等因素较为敏感，所以对进水的要求相对较高，如果进水水质差，产水率就非常低。因此，海水在进入反渗透膜装置之前必须进行预处理。

对反渗透而言，海水淡化的常用的预处理工艺有：①海水杀菌灭藻。由于海水中存在大量微生物、细菌和藻类。海水中细菌、藻类的繁殖和微生物的生长不仅会给取水设施带来许多麻烦，而且会直接影响海水淡化设备及工艺管道的正常运转，所以海水淡化工程多采用投加液氯、次氯酸钠和硫酸铜等化学剂来杀菌灭藻。②混凝过滤。因为海水具有周期性涨潮、退潮，水中常夹带大量泥沙，浊度变化较大，易造成海水预处理系统运转不稳定，故在预处理中要加入混凝过滤，目的在于去除海水中的胶体、悬浮杂质，降低浊度。在反渗透膜分离工程中通常用污染指数（SDI）来计量，要求进入反渗透设备的给水的SDI小于4。由于海水比重较大，pH值较高，且水温季节性变化大，预处理系统常选用三氯化铁作为混凝剂，其具有不受温度影响，矾花大而结实，沉降速度快等优点。

此外，高效的能量回收装置可回收浓盐水的能量，大幅降低了反渗透的能耗。反渗透法的最大优点是节能，能耗仅为电渗析法的1/2，蒸馏法的1/40，且有占地面积小、建设周期短、操作简单、无相变、无须加热、投资相对较少、适应性强、应用范围广和启动运行快等特点，近几年逐渐在海水淡化产业中占据主导地位。从20世纪70年代年起，美国、日本等发达国家先后把海水淡化的发展重心转向反渗透法。2006年开始运行的澳大利亚最大的Kwinana Desalination海水淡化工厂即采用反渗透法，日产淡水水量1440吨。美国的El Paso（Texas）Desalination海水淡化工厂采用反渗透法，日产水量为10.4万吨。反渗透法分离装置对进水水质要求较高，要进行预处理，易产生膜污染，需定期对膜进行清洗，且由于高压下运行，需配备高压泵和耐高压的管路。

虽然反渗透优点较多，但在技术上也有一定的缺点，但是从优点来看，其积极意义更大，从反渗透法工业化实践来看，反渗透法是一项非常有前景的技术。余压能量回收装置，降低能耗，新型膜材料，提高膜的抗氯脱盐性能和抗污染性能，将是未来反渗透法技术的研究重点。

我国反渗透海水淡化比较有代表性的为浙江六横万吨级反渗透海水淡化示范工程，该项目由舟山市普陀区六横水务公司投资建设，是国家科技支撑计划项目"10万吨级膜法海水淡化国产化关键技术开发与工程示范"的一期工程。2008年5月杭州水处理技术研究开发中心有限公司完成项目初步设计。海水取水按1万吨/日反渗透海水淡化工程规模规划。取水点设置在离厂址约150米的葛藤水道附近水域。海水进水口设孔网阻挡污物。取水泵吸入口配置粗滤器一台，阻挡污物进入水泵。该万吨级反渗透海水淡化示范工程于2009年11月调试成功，于2010年1月顺利完成10万吨反渗透海水淡化场地平整，一期2万吨海水淡化土建设施建设和一期1万吨反渗透海水淡化系统的考核运行，2011年5月完成第二个1万吨反渗透海水淡化系统的考核运行。调试和检测结果表明，系统设备运行正常、稳定，各设施、设备达到额定输出；电气自控系统满足工艺要求，仪表、仪器配置到位，反应运行状态和数据；各工艺段出水水质达到设计要求，产水水质经化验分析达到《生活饮用水卫生标准》（GB 5749–2006）要求。产水吨水能耗为2.7千瓦·时，产水成本为3.377元/吨。2014年11月，国家科技部对普陀六横日产万吨反渗透海水淡化国产化关键技术开发与示范项目进行了验收并肯定了其作用。该项目开发了日产1.25万吨反渗透海水淡化单机设计和日产10万吨工程总成关键技术，集成了海水取水、预处理反渗透脱盐、产品水矿化系统智能化控制、浓海水排放及综合利用等科技与工艺，还开发出了国产海水淡化反渗透膜元件和高压泵。有58件申请国家和国际的相关专利，其中发明专利34件、国际专利1件、（授权）发明专利13件，研制技术标准9项，其中3项已报批国家标准，形成海水淡化技术装备制造基地（杭州）和应用示范基地（舟山六横）各一个，为今后全国开发海水淡化反渗透项目建设打下了坚实的科技基础。到目前为止六横海水淡化厂已向六横和周边岛屿供应淡化水820多万吨，水质均达到国家饮用水标准。

二、电渗析海水淡化法

渗析是属于一种自然发生的物理现象。如将两种不同含盐量的水，用一张渗透膜隔开，就会发生含盐量大的水的电介质离子穿过膜向含盐量小的水中

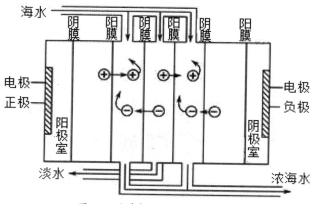

图3-9 电渗析法海水淡化示意图

扩散，这个现象就是渗析。这种渗析是由于含盐量浓度不同而引起的，称为浓差渗析。渗析过程与浓度差的大小有关，浓差越大，渗析的过程越快，否则就越慢。如果在膜的两边施加直流电场，就可以加快扩散速度。电解质离子在电场的作用下，会迅速地通过膜，进行迁移过程，这样，就形成了去除水中离子的淡水室和离子浓缩的浓水室，将浓水排放，淡水即为除盐水。这就是电渗析法除盐原理。

　　水中的离子在直流电场的作用下，可通过半透膜。最初的惰性半透膜电渗析法，主要用于溶胶的提纯，电流效率很低。到了20世纪50年代初，由于选择性离子交换膜问世，才能够用电渗析法淡化海水或苦咸水。脱盐用的选择性离子交换膜有两种：①阳膜，只允许阳离子透过的阳离子交换膜；②阴膜，只允许阴离子透过的阴离子交换膜。使阴膜和阳膜交替排列，中间衬以隔板（其中有水流通道），夹紧之后，在两端加上电极,就成电渗析脱盐装置。当海水流经电渗器时，在直流电场的作用下，阴离子透过阴膜向阳极方向迁移，途中被阳膜挡住去路，被水流冲洗而出；阳离子透过阳膜向阴极方向迁移，途中被阴膜挡住，也被水流冲出。透过阳膜或阴膜的水为淡水。结果，从大约一半的夹层流出的水为淡水，从另一半流出的则为浓缩的海水。自1954年首台电渗析样机在美国问世以来，电渗析海水淡化法在世界各地得到广泛的应用。电渗析过程无相变发生，在一定含盐量条件下，能耗较低，药剂耗量少，环境污染小，系统结构简单，原水回收率较高，一般能达到65%～80%，预处理简便。

　　电渗析所耗电能主要用于迁移溶液中的电解质离子，所耗的电能与溶液浓度成正比，对于不导电的颗粒没有去除能力。电渗析技术用于海水淡化时能耗大，大规模的海水淡化工程基本上不采用。但将1000～3000毫克/升的苦咸水脱盐至500毫克/升的饮用水是经济可行的。但电渗析过程对不带电荷的物质如有机物、肢体、细菌、悬浮物等无脱除能力；电渗析海水淡化还有能耗高、水回收率低的缺点，并且由于反渗透海水淡化技术的出现，电渗析法海水淡化的比例正在逐渐降低，在许多国家缺乏市场竞争力。在未来的发展中，若考虑同反渗透法结合，则可达到低能耗、低污染的效果。

2015年，美国麻省理工学院的团队设计了一种新的电渗析装置，称为冲击电渗析装置。该装置是由夹在两个电极之间，被作为熔块的多孔玻璃微珠组成的。当海水流经熔块，穿过电极时，形成的电流将使得海水通道的一些区域聚集更多电子，而其他区域电子减少。当电流变的足够强大的时候，将会产生一种冲击波将整个区域分离为泾渭分明的两个流域——咸水区和淡水区，这种现象被称为冲击电渗析。这种设备可以不断地将盐水流中多达99.99%的盐分去除，包括钠、氯和其他离子。

第四节　其他海水淡化技术

前面所述传统海水淡化法所需能源大多为不可再生的化石能源，环境压力大且面临化石能源枯竭的问题，所以寻找替代型能源已迫在眉睫。目前所能开发和利用的替代型能源主要包括核能、太阳能、风能、海洋能、地热能和生物质能等，其中核能海水淡化和太阳能海水淡化研究最多。此外，把不同的海水淡化常规工艺进行结合，把淡化后的卤水加以利用，优化集成为低能耗、低污染、高产水率、低成本的新的海水淡化组合工艺，也是未来海水淡化发展的一个重要趋势。

一、冷冻法海水淡化

冰是单矿岩，不能和其他物质共处，所以水在结晶过程中，会自动排除杂质，以保持其纯净，冷冻法海水淡化正是利用这一原理。冻结海水时，盐分被排除在冰晶以外，冰晶形成时间越长，盐分就越少，这是由于海水冻结的过程中会使一些盐分以盐胞的方式夹杂在冰晶之间，冰晶外壁也会黏附上一些盐

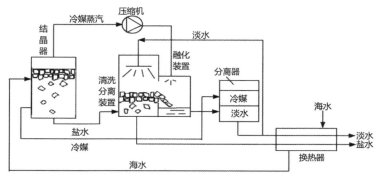

图3-10　冷媒直接接触冷冻法示意图

分，随着时间的推移盐分会在冰体之间形成卤道，残留的高浓度盐水会沿卤道慢慢向外排出。冰晶经过洗涤、分离、融化后即得到淡水。

　　传统冷冻法海水淡化分为直接接触法、真空冷冻法和间接冷冻法。

　　直接接触法的基本原理是以不溶于水、沸点接近于海水冰点的冷冻剂（如正丁烷、异丁烷等）与预冷后的海水混合进入冷冻室中（见图3-10）。在压力稍低于大气压的情况下，冷冻剂汽化吸热，使冷冻室内温度维持在-3℃左右，海水冷冻结冰。冷冻剂蒸汽经压缩机加压至大气压以上，进入融化器与冰直接接触，冷冻剂蒸汽液化，冰融化，形成了水—冷冻剂不互溶体系，由于密度不同而分离。水作为产品流出，冷冻剂循环使用。冷冻剂的选取是此方法的核心，直接影响整个流程的冷能利用率。该方法有明显缺陷，由于冷媒循环使用，要求系统必须严格密封，否则会因泄漏而使冷冻剂局部积累，带来安全隐患。另外，虽然冷冻剂与水不互溶，但若分离不完全，淡水会受到污染而含有少量冷冻剂。

　　因为在水的三相点（约610.75Pa，273.16K）附近，气、液、固三相并存。真空冷冻法正是利用这一原理，将海水控制在三相点附近，则海水的蒸发与结冰同时进行，再将冰与蒸汽分别融化和冷凝得到淡水。该方法的关键技术在于如何移走产生的蒸汽。按照蒸汽移除的方式可分为真空冷冻蒸汽压缩法和真空冷冻蒸汽吸收法。

　　所谓真空冷冻蒸汽压缩法是指：海水预冷至零摄氏度左右后，喷入真空冷冻室中，部分水汽化吸热，使剩余海水冷冻而析出冰晶（水本身是冷冻剂）。形成的冰晶盐水淤浆经分离洗涤后，除去冰晶表面附着及内部包藏的盐分，融化后得到淡水，产生的蒸汽经压缩后进入融化器冷凝，冰融化和蒸汽冷

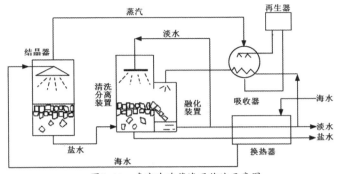

图3-11 真空冷冻蒸汽吸收法示意图

凝所得的淡水，一部分用作洗涤水，其余为产品放出（见图3-11）。由于水汽化成水蒸汽后，体积增大数倍，又需要将这些蒸汽及时移除，这就对压缩机的功率和材质提出了更高的要求。

而真空冷冻蒸汽吸收法是指：以吸收剂（如R32、R410A等）吸收冷冻室产生的蒸汽，从而使海水不断汽化与冷冻结冰。稀释后的吸收剂经浓缩再生后循环使用，故需要有吸收剂回收装置。该工艺除了以吸收系统代替压缩机外，其他与真空冷冻蒸汽压缩法相同。

真空冷冻蒸汽压缩法和真空冷冻蒸汽吸收法相比较，前者缺点在于转移水蒸汽的压缩机能耗偏高并且选取困难，但其工艺流程简单。后者则利用了吸收剂，工艺中增加了一套换热设备，流程相对复杂。

间接冷冻法是基于界面渐进原理的连续式海水淡化方法，该方法具有易于大规模连续生产、淡化水中含盐量易控制、能源消耗低等特点。其流程主要由主冷凝器、制冷压缩机、转筒式冷冻淡化器、节流阀等组成。转筒的大部分外表面浸没在海水之中，筒内的低温制冷剂使得筒外的海水逐渐结冰，伴随着筒的旋转，冰层越来越厚，最后被刮下融化后得到淡水。间接冷冻法优点是流程简单、投资少、成本低、能耗小。缺点是通过换热管壁传热，传热效率比直接法低，刮刀在剥离层状冰过程中稳定性不佳。

除了传统冷冻法之外，近年国际上从事海水淡化的研究机构提出了许多利用LNG冷能的创新性技术，这些技术引入了多种方法相结合的概念，主要有LNG冷能冷冻法与低温蒸馏膜相结合和LNG冷能冷冻法与其他膜法联用两个方面。

LNG冷能冷冻法与低温蒸馏膜相结合方法采用了混合脱盐工艺，包括冷冻法淡化海水和膜蒸馏脱盐（MD）过程（见图3-12）。利用LNG汽化过程释

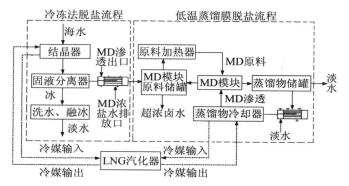

图3-12 LNG冷能冷冻法与低温蒸馏膜相结合方法示意图

放的冷量通过冷媒将海水冻结，经过固液分离器得到固态冰，海冰经过洗涤、融化后得到淡水，所产生的卤水被输送到低温蒸馏膜原料储罐内，在储罐系统内通过低温膜蒸馏，得到超纯水，同时，卤水被进一步浓缩。在该方法的研究过程中，采用了一种新型的MD低温蒸馏膜，该膜蒸馏工艺是一种基于气液平衡与传热传质原理的热驱动过程，相对高温的卤水产生的蒸汽透过疏水膜微孔，在另一侧被低温冷凝为液态水，由于该膜为疏水结构，从而使得液态水更容易被收集，最终得到高纯度的淡水。该膜被一些科研人员认为是一种十分适合于海水淡化的过滤膜。通过LNG冷能冷冻与低温蒸馏膜相结合的海水淡化法，采用优化运行参数后，其淡水回收率高达71.5%，水质可以达到饮用水标准。

海水经前段LNG冷能初步冷冻后，后段配合纳滤膜或反渗透膜的方法，这也是近年提出的一种新理论。此方法的流程与LNG冷能冷冻与低温蒸馏膜相结合的海水淡化法相似，区别在于后处理阶段使用的纳滤膜、反渗透膜均为目前的成熟技术，是目前最具可行性的冷冻法海水淡化技术。

冷冻法与蒸馏法都有难以克服的弊端，其中蒸馏法会消耗大量的能源并在仪器里产生大量的锅垢，所得到的淡水却并不多；而冷冻法同样要消耗许多能源，且得到的淡水味道不佳，难以使用。

二、太阳能海水淡化技术

太阳能是取之不尽的洁净可再生能源，若作为淡化能源，不会产生二次污染，运行费用最省，所得淡水纯度高。太阳能海水淡化的能量利用方式有两种，一是利用太阳能产生热能以驱动海水相变过程；二是利用太阳能发电以驱

动渗透过程。太阳能也可与所
有的常规海水淡化工艺过程相
结合。目前，对太阳能海水淡
化的研究和应用一般都采用蒸
馏法，在近期内也仍将以蒸馏
法为主。但它在经济上仍不能
跟传统海水淡化技术相比较。
但也不是绝对的，要根据规模
大小、能源费用、海水水质、

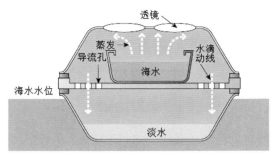

图3-13　太阳能海水淡化示意图

气候条件以及技术与安全性等实际条件而定。实际上，一个大型的海水淡化项
目往往是一个非常复杂的系统工程。就主要工艺过程来说，包括海水预处理、
淡化（脱盐）、淡化水后处理等。其中预处理是指在海水进入起淡化功能的装
置之前对其所做的必要处理，如杀除海生物，降低浊度、除掉悬浮物（对反渗
透法），或脱气（对蒸馏法），添加必要的药剂等；脱盐则是通过上述的某一
种方法除掉海水中的盐分，是整个淡化系统的核心部分，这一过程除要求高效
脱盐外，往往需要解决设备的防腐与防垢问题，有些工艺中还要求有相应的能
量回收措施；后处理则是对不同淡化方法的产品水，根据不同的用户要求所进
行的水质调控和贮运等处理。海水淡化过程无论采用哪种淡化方法，都存在着
能量的优化利用与回收，设备防垢和防腐，以及浓盐水的正确排放等问题。

　　蒸馏法中研究最多、技术上最成熟的是太阳能盘式蒸馏器，此外还有利
用烟囱技术的太阳能海水淡化新技术。

三、露点蒸发

　　目前大规模工业应用的淡化方法主要是多级闪蒸（MSF）、多效蒸馏
（MED）以及反渗透（RO）。但经验表明，这几种方法的产水成本与工厂规模密
切相关，比较可靠的规模是日产淡水100吨～50万吨，它们是适合集中供水的沿
海地区缺水问题的有效解决办法，但对于小规模利用低位热能（太阳能、地热以
及工厂废热等）却不方便，利用成本高，效率低。与此同时，对于一些沿海岛屿
和偏远苦咸水地区来说，它们的淡水需求相对分散，常常既缺水又缺电。因此迫
切需要能够利用低位热能的中小型淡化技术和装置。在这种情况下，增湿—去湿
（Humidification-Dehumidification）淡化过程逐渐受到人们的关注。

增湿—去湿淡化方法由传统的太阳能蒸馏淡化发展而来。普通的太阳能蒸馏器的热效率通常在50%以下。这主要是因为太阳能蒸馏器的蒸发与冷凝过程在同一空间内进行，难以分别控制温度，而且冷凝潜热几乎全部通过玻璃盖板散失到周围环境中。针对太阳能蒸馏器的这些不足，人们在过程中引入流动的空气作为水蒸汽的载体，并将蒸发室与冷凝室分离，使它们的温度可以独立控制；载气在蒸发室中被盐水增湿，携带一定量的水蒸汽后进入冷凝室中去湿冷凝得到淡水，冷凝潜热则一般通过预热进料海水来进行回收。这就是增湿—去湿淡化过程。

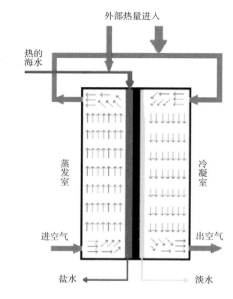

图3-14 露点蒸发淡化示意图（引自：熊日华《露点蒸发海水淡化技术研究》，2004）

一般认为，增湿—去湿淡化过程具有规模灵活，设备投资和操作成本适中，结构简单，可利用低位热能等优点。可望在淡水需求相对分散的沿海岛屿、内陆苦咸水地区、偏远的旅游景点等地方获得应用。增湿—去湿淡化方法也被认为是太阳能淡化中的最具前景的方法。

露点蒸发淡化技术也是一种基于增湿—去湿原理的淡化过程，其基本思想由Albers等人于1988年提出，通过多年的研究，已获得一定程度的发展。它基于载气增湿和去湿的原理，同时回收冷凝去湿的热量，从而实现热量回收利用，提高热能利用的效率和造水比。露点蒸发淡化技术是在常压下操作的海水淡化工艺，通过将冷凝和蒸发过程直接耦合起来，有效地将冷凝潜热传递到蒸发室，为蒸发盐水提供汽化潜热；同时，在过程的蒸发室与冷凝室里均维持一个有序的温度梯度，使传热过程在较低的温度下进行，以尽可能提高过程的热效率。

露点蒸发淡化主体装置被传热壁分为蒸发室和冷凝室两部分。空气从蒸发室的冷端引入，经过预热的进料盐水由蒸发室热端引入并润湿传热壁。随着空气从蒸发室冷端移向热端，来自冷凝侧的热量通过传热壁传递到蒸发侧，覆盖在传热壁面上的盐水表面不断发生汽化，使得空气被加热和增湿。浓盐水从蒸发室冷端离开。增湿后的气体离开蒸发室热端后，由外热源加入一定热量，使其温度和湿度略微升高后引入冷凝室热端。冷凝室的温度较蒸发室稍高，使得湿热空气冷却，其中部分水蒸气冷凝得到淡水，冷凝潜热则被传递到蒸发室。最后，去湿后的空气和冷凝淡水从凝露室冷端离开。

需要指出的是，名称"露点蒸发"基于英文"Dewvaporation"一词，它主要用来区别于通常情况下的沸点蒸发。事实上该工艺中并不是涉及传统意义上的蒸发过程，只发生由汽液平衡规律决定的汽化和冷凝过程。鉴于传统蒸馏法淡化中的多效蒸馏、多级闪蒸等习惯称谓，才使用露点蒸发一词。

露点蒸发淡化技术是一种新的淡化工艺。与MSF、MED等传统蒸馏法淡化技术相比，它具有以下一些技术特点：①过程几乎在常压下进行，无须使用真空系统，同时降低了对设备的强度要求；②操作温度较低，可以使用某些性能适宜且廉价的高分子材料；③汽化过程在汽—液界面而非传热面进行，因而设备的结垢倾向小；④汽化过程温和，不易形成强烈的汽液夹带；⑤可以利用太阳能、地热以及工业废热等低位热能。

另外，与通常的增湿—去湿淡化过程相比，露点蒸发淡化工艺也具有一些显著的特点和优势：①蒸发器与冷凝器合二为一，使得设备结构更加紧凑；②蒸发与冷凝过程通过热传递祸合起来，既回收了冷凝潜热，又促进了增湿过程；③蒸发室与冷凝室温度梯度的方向保持一致，热利用方式更加合理。

四、核能海水淡化

核能是一种安全、可靠和清洁的能源，核能海水淡化，可以用核反应堆作为热源，利用低温进行供热，技术难度较核电站低，安全性更高，因此，可以在海水淡化和核能利用之间展开研究。核电站与海水淡化系统的结合，很好地解决了核电站的运行产生温排水与海水淡化的高耗能的问题，将二者进行结合，可以各取所需，提高能源的利用率。

尽管国际原子能机构（IAEA）自20世纪60年代就开始研究核能海水淡化的可行性，但核能淡化的实际应用仍然有限。迄今为止，全世界的核能淡化经验主要来自哈萨克斯坦和日本。

为了解决哈萨克斯坦西部干旱地区的水电供应问题，1973年苏联在舍甫琴柯市建成了一座大型多用途的核动力联合企业。该企业向全市居民和企业供应电力、热能和淡水。其中核反应堆使用的是一座BN-350型快中子增殖反应堆（FBR）。该反应堆与MED和MSF装置结合，反应堆约60%的能量用于淡化装置，淡化能力为8万～14万吨/日。该核能淡化厂在成功运行26年后，于1999年初关闭。在日本，也有将近10个淡化装置曾先后与核反应堆结合。其中MED、MSF和RO装置均有使用，但规模较小，一般在1000～3000吨/日之间。它们生产的淡水仅回锅炉或作为就地饮用水源，而没有进入供水管网。哈萨克斯坦和日本累积的核能淡化的实际运行经验约有100堆年[①]。

核能海水淡化是利用核反应堆作为能量来源，从海水中生产淡水的方法。核反应堆可以供电和发热，理论上可以与任何常规海水淡化工艺过程相结合。如利用核能发热特性与多级闪蒸海水淡化法或者多效蒸馏海水淡化法相结合。据报道，美国的核动力航空母舰的淡水就是利用核能得来的，其日产淡水量可达1800吨。在水资源和化石能源双重紧缺的局势下，美国、俄罗斯、印度等也都在积极研究核能海水淡化技术。

我国在核能海水淡化方面也有发展，2017年6月，随着热控仪表管安装结束，并顺利通过标准验收，标志着由中国能建东电一公司承担的国内首个核电站海水淡化系统——红沿河核电站海水淡化系统扩建工程顺利完成。红沿河核电站海水淡化系统是我国核电站中的首个海水淡化系统，开辟了核电站利用海水淡化技术提供淡水资源的先河，目前该系统日产水量约1万吨，可满足红沿河核电一期工程的生产、生活用水需求。目前我国核电站仍多靠地表水、地下水提供淡水资源，但核电站所在的海边往往淡水资源缺乏，且地下水含盐量较高，不利于设备运行。红沿河核电海水淡化系统的使用，将从根本上解决项目施工和生活用水问题，不但大大缓解项目所在地水资源缺乏的状况，也为有效解决核电站淡水资源问题开辟了新路。

目前核能淡化有待进一步验证的主要是系统的可靠性和产水成本问题。中国原子能科学研究院李兆桓研究了核能与多级多效蒸馏结合或压缩多效蒸馏结合的工艺，研究发现其造水比是现有工艺造水比的2.5倍以上，大大降低了海水淡化的成本（约为1元/米³），从而使核能海水淡化具备了大规模产业化的前景。但是，需要进一步解决的问题还包括适合于核能淡化的反应堆系统、淡化系统及二者耦合优化设计。另外，还涉及资金、安全、产品水放射性污染隔离、核废料处置、公众接受程度以及核不扩散等一系列问题。

---

① 1个堆年相当于核电站中的1个反应堆运行一年。

五、风能海洋淡化

风能海水淡化是指以风能作为海水淡化装置能源的一种淡化技术。风能海水淡化主要有两种形式：一是直接利用风力驱动海水淡化（耦合式）；二是风电海水淡化（分离式）。目前，风电是风能海水淡化的主要形式。

风能海水淡化对环境条件要求较高，并不是所有地区都适宜。风能海水淡化适用的环境条件有两个：一是拥有丰富的风能资源，年平均风速在5米/秒以上；二是淡水资源缺乏，有建设海水淡化或者苦咸水淡化的需求。符合这两个条件的地区多为滨海地区或者孤岛，也有部分内陆干旱地区。对脱离大陆电网的孤远海岛，淡水和电力资源都较匮乏，更需要建设风能海水淡化装置，这一举措不仅可以供水还可以供电，一举两得。例如我国南海诸岛，远离大陆，各种资源比较匮乏，条件非常艰苦。但是作为我国重要的国防战略要塞，守岛士兵就可以利用风能发电、淡化海水，解决供电和淡水不足的局面。

反渗透作为当今海水淡化发展的主流技术，随着膜技术的不断发展，成本日趋降低，可以作为风能海水淡化主要采用的淡化方式。对于偏远海岛或者孤立海岛，小规模风能淡化系统中可以采用机械压汽蒸馏和电渗析式海水淡化法。

对风能而言，其不似核能、太阳能，它具有间歇性、波动性，发出的电流和电压不稳，这种不稳定性会对反渗透系统造成较大的影响。针对这一问题，通过采取相应的措施，可以在一定程度上缓解。对具有电网覆盖的地区，可以将风力发电系统并入当地电网，再利用电网进行海水淡化。而对于没有电网接入的海岛，可采用风力—柴油机发电联合系统或风力—太阳光发电联合系统，同时辅以风电蓄能装置（如蓄电池蓄能、抽水蓄能、压缩空气蓄能等），这样就可以保证持续稳定的供电。此外，还可以考虑适当增加淡水装置产能，同时增加淡化水蓄水池的容量，以便根据风能供电能力灵活调节淡化产量。目前而言，蓄水此法应用较多，这主要跟该法成本较低有关。

海水淡化与新能源技术相结合是当今的研究热点，除此之外还包括膜蒸馏海水淡化、正渗透海水淡化、新型电容去离子技术海水淡化以及海洋能海水淡化等方法。作为海洋，其本身就具有丰富的海洋能，若能合理有效地将海洋能开发利用与海水淡化相结合，对偏远海岛有着重要意义，这将解决海岛电力和淡水供应难的双重难题。

海水淡化成本过高，一度是企业的主要绊脚石。目前使用的膜法和热法，最大问题都是"费电、烧钱"。这个技术消耗的主要就是电，另外利用反渗透膜来截留杂质盐分，每隔一段时间，膜就需要清洗甚至更换，电耗和膜的维护更换是该技术高成本的关键难题。热法，简而言之就是蒸馏，

图3-15 风能海水淡化已在福建东山成功应用

如同家庭煲汤一样，常压下水达到100摄氏度蒸发。但海水不行，像煲汤一样进行常规蒸馏，就会出现厚厚的一层垢。工业上淡化海水一般采用负压蒸馏，水不需要100摄氏度，几十摄氏度就蒸发了。海水就不会发生结垢，这成为海水淡化的另一种可靠方法，但同样存在成本高昂的缺点。

目前，我国沿海多个万吨级和10万吨级海水淡化工程相继投产运营。2016年1月15日，国家海洋局局长王宏在接受采访时介绍说，"十二五"期间，海水淡化设备国产化率由40%上升到85%左右。我国研发出的利用余热进行海水淡化的新技术，可用于海岛、远洋渔船、海上平台、沿海地区等，可大幅降低海水淡化实际能耗和成本，虽然现在并没有进行严格的成本核算，但有关预计表明：使用废热发电成本降低至少1/3。

海水淡化技术原理并不是特别难。真正难的在于系统控制、工艺优化和装备设计，难的在于和电厂工程建设的协调和海岛的工作环境，对于海岛而言，一天只有两班船进岛，人员和设备的运输都将受到限制，相应的工程费用比内地要高两三倍，而且运输和人力都很贵。针对船上的海水淡化装备研发也正在进行，预计2017年下半年在船上进行示范。

六、生物膜技术和纳米技术相结合的海水淡化系统

据2017年6月相关报道显示，最新的海水淡化系统，结合了生物膜技术和将阳光转换成热的前沿纳米技术，给海水淡化领域带来了新的革命。研究在莱斯大学联邦资助的纳米技术水处理中心（NEWT）进行。自2015年成立以来，NEWT一直致力于开发一种名为"纳米光子学太阳能膜蒸馏"技术（又称NESMD），该方法结合了生物膜过滤处理方法与将阳光转换成热能的前沿纳米技术。

在该系统中，为提高效率，NEWT的研究人员将可商业化的膜与将光能转换成热能的纳米颗粒结合在一起。这样做就可以达到：只要有阳光，膜本身就可以实现加热，而不需要电力系统为之稳定地供应热水，并且由于不需要大量的能量来加热水源，所以电力需求下降到仅仅需运行一个泵来推动流体通过整个系统。因此，整个模块化系统可以在几个太阳能电池板上运行。

由于系统是模块化的，且易于架构，所以即便在偏远的海岛、海上石油钻井平台和救灾场所等地方，也可以根据水的需求量来计算出需要安装的模块面积，从而安装所需的海水淡化系统。该技术也可以轻而易举地取代目前全球1.8万多个净水厂的膜蒸馏技术。

莱斯大学的科学家和水处理专家说："该系统将改变大约10亿无法获得清洁饮用水的人的生活状态。这种离网技术不仅可以为家庭提供足够的洁净水，也可以在地区大规模建造，为社区中更多人提供用水。"由此看出，该系统投入生产使用过程中具有极大的灵活性、易于实现且易于商品化，有着非常巨大的商业价值。

第四节 我国海水淡化发展前景展望

我国水资源补给来源主要为大气降水，赋存形式主要为地表水和地下水。我国多年平均年降水总量为6.2万亿米³，折合年降水深648毫米。地表水资源量即为河川径流量，全国河川径流量为2.7万亿米³，其中地下水排泄量6780亿米³，冰川融水补给量560亿米³。全国多年平均地下水资源量8288亿米³，其中山丘区6762亿米³，平原区地下水资源量1874亿米³。扣除地表水与地下水相互重复水量，全国水资源总量2.88万亿米³，人均占有水资源量只有2220米³，约为世界平均值的1/4。

我国水资源分布的总体特点是：年内分布集中，年际变化大；黄河、淮河、海河、辽河四流域水资源量较小，长江、珠江、松花江流域水量较大；西北内陆干旱区水量稀缺，西南地区水量丰沛。所以，更需要积极合理地开发出新的方法来弥补我国这种"先天的缺陷"。

为缓解水资源危机，我国在厉行节水的同时，积极开发利用海水等非常规水源。海水淡化是稳定的水资源增量技术，可作为水资源的重要补充和战略储备。发展海水淡化产业，对缓解我国沿海缺水地区和海岛水资源短缺状况，促进中西部地区苦咸水、微咸水淡化利用，优化用水结构，保障水资源可持续利用具有重要意义，也有利于培育形成新的经济增长点。

《海水利用专项规划》发布实施以来，海水淡化产业发展得到各级政府的高度关注，国家和沿海地方政府出台了一系列鼓励海水淡化及综合利用的政策措施，对海水淡化生产企业给予所得税优惠，安排中央预算内资金支持了一批海水淡化示范工程，相关技术专利、标准和法规建设取得积极进展，为加快海水淡化产业发展创造了良好的政策环境。

在国内已建成投产的海水淡化装置中，反渗透法（RO）和多效蒸馏法（MED）为主流，其产水量占总产水量的95%，多级闪蒸蒸馏法（MSF）约占5%，而电渗析法（ED）和压汽蒸馏（VC）合计尚不足1%。从我国实际应用情况来看，反渗透海水淡化技术应用于市政供水具有较大优势，而对于具有低品位蒸汽或余热可利用的电力、石化等企业来说，制备锅炉补给水和工艺纯水，则采用低温多效蒸馏技术具有一定的竞争优势。

目前我国建成的海水淡化装置中，50%左右用于市政供水，44%左右用于工业用水。目前我国海水淡化领域走在前列的主要地区是山东、浙江、天津、大连等地，这与当地技术支持有关。国家海水淡化的两大技术研究中心一个在杭州，一个在天津，技术支持对当地海水淡化发展起到了至关重要的作用。广东作为海洋大省，近年来在利用海水淡化作为工业冷却用水方面取得较大进展，已经位居全国前列，但是海水淡化多年来发展滞后，与海洋大省的称谓不相称。不过可喜的是，日产5万吨级亚海水反渗透淡化工程已落户广东东莞，近期即将投产，该工程为目前全国同类项目中规模最大的一个。

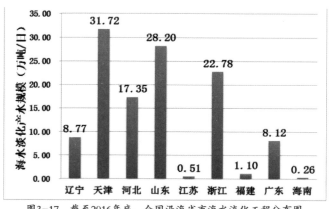

图3-17　截至2016年底，全国沿海省市海水淡化工程分布图

在"十三五"期间，我国海水淡化产业向着规模化、集成化方向发展，逐步成为重要的战略性新兴产业。"十三五"规划纲要明确提出，要"以水定产、以水定城"和"推动海水淡化规模化应用"，以此在一定程度上缓解水资源短缺的压力。2016年12月，国家发展改革委员会、国家海洋局印发了《全国海水利用"十三五"规划》（以下简称《规划》）的通知。《规划》内容指出，"十三五"时期是我国海水利用规模化应用的关键时期。《规划》提出的目标是："十三五"末，全国海水淡化总规模达到220万吨/日以上。沿海城市新增海水淡化规模105万吨/日以上，海岛地区新增海水淡化规模14万吨/日以上。新增苦咸水淡化规模达到100万吨/日以上。海水淡化装备自主创新率达到80%及以上，自主技术国内市场占有率达到70%以上，国际市场占有率提升10%。《规划》还指出，"十三五"期间，国际上，海水淡化继续保持快速发展态势，主流技术日趋成熟，新技术研发活跃。全球海水淡化年增长率可达到8%，淡化工程规模已达8655万吨/日，60%用于市政用水，可以解决2亿多人的用水问题。

对我国而言，毋庸置疑，充足的淡水资源意义重大。即便在南水北调工程每年向北方输送250亿米³水的情况下，仍有统计数据显示，到2030年，我国沿海地区淡水资源缺口还将达到214亿米³。2018年1月召开的全国海洋工作会议明确提出"将推动海水淡化规模化应用和海水利用产业健康发展"。在不久的将来，淡化的海水将成为沿海地区、海岛地区保障供水的重要水源之一。现今，海水淡化技术的应用，目前在沿海缺水城市、海岛、船舶、园区、苦咸水地区正在展开。

根据国家规划，在沿海缺水城市，将持续建设和推广海水淡化保障工程，推动海水淡化规模化应用，扩大淡水资源供应量。加速海岛海水淡化工程的建设，提升海岛供水保障能力。规范海洋渔船用小型海水淡化装置制造及推广应用。规范海洋渔船制造标准，支持海洋渔船加装海水淡化装置，提升船舶作业生产能力。在山东等沿海工业园区，积极推广海水淡化工程及海水淡化水分质应用，实现园区供水，重点建设青岛西海岸经济区海水淡化项目等。

此外，将继续拓展淡化技术在苦咸水处理领域的应用。随着"丝绸之路经济带"的拓展和西部开发的推进，"水质型缺水"是困扰发展的主要问题之一。海水淡化技术在苦咸水及工业回用水等方面的应用，可以帮助解决这一问题。

海水淡化在我国的大规模应用，还有很长的路要走。海水淡化作为科技密集型产业，自主研发和创新是重要支撑。当前，国家海洋局天津海水淡化与综合利用研究所正瞄准海水淡化新产品、新装备、新工艺和新技术加紧研发。其中，国产海水淡化装备研发制造水平将上新台阶。海水淡化技术研发在热法淡化方面实现了完全自主设计。国产反渗透膜、压力容器等产品已走向世界。海水淡化关键装备将有新的突破。海水淡化产业即将迎来完全自主知识产权时代。

按照全国海洋工作会议要求，海水淡化需要保持快速发展态势，确保主流技术日趋成熟，新技术研发活跃。海水利用产业应朝着工程大型化、环境友好化、低能耗、低成本等方向发展。下一步，海水淡化在自主技术迈向世界先进水平的基础上，根据"一带一路"倡议，充分利用丝路基金、中印尼海上合作基金、中国—东盟海上合作基金等现有政策，将海水利用自主技术装备转移输出，打造成为走出国门、服务"一带一路"的新产业。

海水淡化产业化所必需的外围环境正在日益改善，海水淡化的产业化基础已基本具备，在日渐成熟的国内外环境中，我国的海水淡化产业即将进入一个高速发展期，让我们拭目以待，迎来一个淡化水比重逐渐上升的时代！

第四章
海水替代淡水——海水直接利用

随着国民经济的发展，我国在GDP增长的同时也出现很多的问题，如资源消耗、环境恶化等。现阶段，水资源短缺问题是最为严重的，随着社会的不断发展和人们生活水平的提高，水资源短缺问题逐渐成为制约经济社会发展和沿海城市发展的主要因素，直接或者间接给国家和人民带来很大的经济损失。就目前全世界而言，水源短缺的告急信号也频频传来，淡水危机的严峻形势日益加剧。据有关报道显示，全世界1975年用水量为3万亿米^3，1994年为4.3万亿米^3，2000年为7万亿米^3。有人分析，2030年以后，世界水资源将供不应求；2050年，预计缺水2300亿米^3；2070年，预计缺水4100亿米^3。作为生命之源，淡水资源的缺乏必将引发诸多争端，这不能不引起人们的密切关注。竭力寻求新的水资源，将希望寄托于占水资源97.3%的海洋，已成为世界海洋国家解决水源问题的首要出路。日本、美国、英国是将海水作为工业冷却水代替淡水的先驱。特别是日本，在进行海水直接利用技术研究以及探索海水直接利用的使用范围等方面，始终处于世界领先的地位。早在20世纪60年代中期，其用于工业企业的海水量已占总用水量的6/7以上。目前，仅发电厂直接用的海水就达数百亿立方米。早在20世纪50年代初期，美国工业用水的1/5就已经靠海水供应，此外，意大利、突尼斯等国也在试验用海水直接浇灌土地，也已取得举世瞩目的成就。在淡水资源匮乏的背景下，开发利用海水资源就显得十分重要，它可以在一定程度上解决淡水资源短缺问题，带动相关海洋新兴产业的开发，为经济社会可持续发展提供基础保障。

海水直接利用就是在这种背景下应运而生的，海水直接利用是指海水不需要经过淡化处理直接进行使用，从而替代现阶段需要的淡水资源。海水直接利用主要有三个方面，一是用海水进行工业冷却，包括海水直流冷却和海水循环冷却；二是大生活用水，现阶段主要是海水冲厕；三是海水脱硫、海水热源泵等。海水直接利用技术已经日渐成熟，可以有效解决沿海地区经济社会发展所需的大量工业用水和生活用水需求。海水直接利用技术的推广和应用是实现水资源可持续利用的重大举措，具有重要的现实意义和战略意义。

第一节　海水冷却利用

　　城市用水的一半以上是工业冷却水，因此合理使用海水资源作为工业冷却水是解决淡水资源短缺以及沿海城市水资源短缺的主要方式之一，并可以给国家和社会节省大量资金和淡水资源。世界许多沿海国家都大量采用海水做工业冷却用水，主要用在电力、化工、冶金等行业。其中用量较大、应用时间较长的国家主要有日本、美国及西欧一些国家。目前世界海水冷却利用量约7000多亿米^3/年，广泛应用于电力、化工、石化、钢铁等行业。美国沿海地区火电、核电等行业广泛应用海水直流冷却技术，年用量1000多亿米^3，占世界海水冷却总用水量的近20%。但在2004年美国环境保护署(EPA)发布实施净水法Section 316，限制海水直流冷却技术的应用，要求使用能降低水生生物的死亡率的其他冷却技术来替代直流冷却。日本人多地狭，淡水资源奇缺，因此日本非常重视海水利用。早在20世纪30年代，日本就开始利用海水作为工业用水，到60年代，几乎沿海所有的电力、钢铁、化工等企业都采用海水直流冷却。目前，日本利用海水作为冷却水多达3000亿米^3，占工业冷却水总用量的60%。日

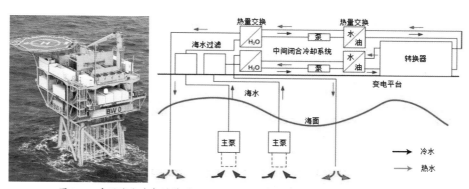

图4-1　采用海水冷却的德国Borkum West II海上变电站及其海水冷却示意图

本有17座核电站，55个核电机组，总装机容量达到49469兆瓦，全部采用海水直流冷却技术。欧洲各国海水直接利用量约为3000亿米³/年。英国几乎所有的核电站都建在海边，以海水作为直流冷却水。20世纪70年代，国外开始采用带冷却塔的海水二次循环冷却技术。第一座海水冷却塔由美国大西洋城 B.L—England 电站在1973年建成，循环量14 423米³/时；目前世界上最大的海水冷却塔在1986年由美国新泽西州的 Hope Creek核电站建成，循环量152200米³/时。

　　根据工艺流程的不同，海水冷却可分为两种形式：海水直流冷却技术和海水循环冷却。

一、海水直流冷却

　　海水直流冷却是把原海水作为冷却的介质，然后利用设备直接把海水用作冷却水，经一次冷却后直接排海的冷却处理技术。目前国内外基本上都是利用直流冷却作为工业冷却的主要方式，且主要是

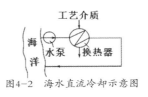

图4-2　海水直流冷却示意图

作工业冷却水。海水直流冷却技术有近百年的发展历史。在日本，海水作为工业冷却用水主要用于火力发电厂和核电厂，其次是钢铁企业及其他石油化工等部门。其冷却方式均为直流式。火力发电厂每发电10千瓦，海水用量则为4.6米³/秒；核电厂，每发电10千瓦，海水用量为7米³/秒。发展至今天，日本海水冷却水用量约为3000亿米³/年。海水直流冷却技术具有深海取水温度低、冷却效果好和系统运行管理简单等优点。国外许多拥有海水资源的国家，都大量采用海水作工业用水，且主要是作工业冷却水。但还是存在一定问题，例如工程投资大、用水量大和污染程度大等。随着社会的进步和发展，尤其是国际环境保护（无公害）公约的出台，对于利用海水直接冷却所需的技术要求也相应提高，需要不断完善、改进现有的技术和不断开发新的技术，这对于保护环境和生态具有重要意义，应用前景也较广阔。

　　海水直流冷却在我国有70多年的应用历史，沿海工业城市如青岛、大连等，是较早开发利用海水作为直流冷却水的地区。随着淡水资源的紧缺和人们对海水直接利用的日益重视，海水直流冷却在中国沿海11省市得到了普遍应用，年利用海水量稳步增长。《全国海水利用报告》指出，截至2015年底，中国年利用海水作为冷却水量1125.66亿吨，2015年新增海水冷却用水量116.66亿吨，《海水利用专项规划》提出的2020年中国海水直接利用能力目标已提前

实现。与2013年相比，年海水冷却用水量增长约27%，新增用量增长约176%。可见，近几年内，随着沿海省市经济发展加速、淡水资源短缺趋重，海水冷却技术的应用发展也在加速。电厂是海水直流冷却的最大用户，其次是石化、化工行业，其他行业应用较少。中国海水冷却年用水量接近美国，但还远低于日本，仅约占世界海水冷却总用水量的14%。作为一个海洋和经济大国，这一海水冷却用水规模尚有上升空间。而且中国拥有长达1.8万千米大陆海岸线和1.4万千米的海岛岸线，非常有利于开发利用海水作为冷却用水。

海水直流冷却技术广泛应用于沿海电力、冶金、化工、石油、煤炭、建筑、纺织、船舶等工业领域，对有关的技术研究也比较早，取得了不俗的成绩。

由于海水不同于淡水，它的盐度高，对金属材料的腐蚀性远高于一般淡水，且微生物和大生物的种类多、含量高，常见的海洋污损生物有两千多种，用海水作为直流冷却用水，存在着严重的腐蚀和污损生物附着问题。因此，海水直流冷却的关键技术是防腐和防生物附着。经过百年的发展历史，直流冷却的防腐和防生物附着技术已比较成熟。

（一）防腐技术

1. 海水腐蚀的分类

在海水直接利用于工业冷却水的技术中，海水防腐蚀技术属于关键性技术。金属材料在海水中的腐蚀形态可以分为均匀腐蚀和局部腐蚀。均匀腐蚀，亦称全面腐蚀，即腐蚀在金属暴露表面均匀进行的腐蚀形态。局部腐蚀，即腐蚀在金属暴露表面局部进行的腐蚀形态，包括：孔蚀（点蚀）、缝隙腐蚀、应力腐蚀、接触腐蚀、垢下腐蚀和微生物腐蚀等，这种腐蚀形态危害性较大，设备的失效、泄漏往往是由局部腐蚀造成的。

2. 海水腐蚀影响因素

海水冷却水的水温、盐度、溶氧量、酸碱度、流速和附着生物等都会影响腐蚀速率。

通常，金属的腐蚀速率随腐蚀环境温度的提高而加速。经验表明：海水水温每上升10℃，铁的腐蚀速率约增加30%；但在敞开体系、温度高于50℃以后，随着系统水温的提高，体系溶解氧含量的逐渐降低，腐蚀速率

图4-3 锈迹斑斑的潜艇

亦逐步降低。

随系统盐度的增加，电导率提高，溶解氧含量降低，碳钢、铜合金等的腐蚀速率降低。通常情况下，碳钢、铜合金等在海水中的腐蚀速率在盐度为35左右时出现最大值，但江河入海口处的稀释海水、污染海水等的腐蚀性较高。

海水中碳钢的腐蚀速率与系统溶解氧的含量成正比，而氧在海水中的溶解度主要取决于海水的盐度和温度，溶解氧含量随海水盐度的增加或温度的提高而降低。

海水的pH值一般在7.5～8.6之间，呈弱碱性。一般来说，海水pH值的升高，有利于抑制钢在海水中的腐蚀，但促进了碳酸钙沉淀的生成。

流速也对腐蚀有一定的影响。在流速较低时，冲蚀、磨蚀可以忽略，对于在海水中不能钝化的金属，如碳钢、铸铁等随海水流速的增加，腐蚀速率增加，但对于在海水中能钝化的金属，如铝合金、镍合金、钛合金等，海水流速在一定范围内增加会促进其钝化，耐蚀性提高。电厂凝汽器冷却水流速通常规定不能低于1米/秒。当海水流速超过某一临界值（不同材料，数值不同）时，随流速增大，腐蚀速率急剧增大。

由污损生物附着导致的腐蚀，一般比较复杂。多数情况是由于污损生物的局部附着，在金属表面形成浓度差电池而导致金属腐蚀；而硫酸盐还原菌的繁殖，则引起金属的微生物腐蚀。

3. 防腐对策

海水直流冷却系统防腐主要以选材为主，同时辅以阴极保护、涂层防护、亚铁预膜保护等综合防腐技术，而缓蚀剂的应用则较少。

选材是防腐的首要因素，海水直流冷却系统常用的金属材料为钛材、白铜、铝黄铜、特种不锈钢和碳钢等。钛材是目前被公认为耐海水腐蚀的最好材质，几乎可耐各种类型的腐蚀，其腐蚀速率每年不足0.01毫米，但是该材料初期投资成本较高。优点是其使用寿命长，这就相应地减少了防腐药剂的使用，所以经济性也较好，是工业使用中的不错选择。国外从20世纪50年代后期开始着手研究钛管凝汽器，目前在美国、日本等海水利用较发达国家，换热器多采用钛材。海水取、排水管通常使用钢管（或衬里）、钢筋混凝土管或钢筒混凝土管。海水配管主要为铸铁管（或衬里），也有少量塑料管（聚氯乙烯、聚乙烯）、不锈钢管和混凝土管。海水泵通常为低镍铸铁，也有铜合金和316L不锈钢等材质，耐蚀性能优良的双相不锈钢在国外海水泵中应用较多。在日本，海水取水管道一般前段为混凝土管，后段为铸铁管，海水冷却系统内的海水

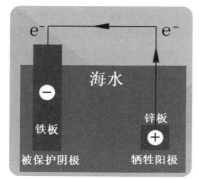

图4-4　阴极保护原理简单示意图

管道一般为碳钢，也有用特种不锈钢等耐蚀材料的。日本海水泵一般采用特种不锈钢。除合理选材外，海水冷却系统防腐设计还应尽量避免如非金属与金属材料的接触，以预防缝隙腐蚀；在同一电连接的海水系列中尽可能选择电位差别小的两种金属或者作电隔离，以降低电偶腐蚀倾向。

金属在海水中的腐蚀大多属于电化学腐蚀，因此阴极保护是海水直流冷却系统中重要防腐技术之一。阴极保护是将被保护金属进行阴极极化以减小或防止腐蚀的方法，其最大的优点是不仅可以防止均匀腐蚀，对防止点蚀、缝隙腐蚀、应力腐蚀等也是有效的。阴极保护技术包括：外加电流阴极保护和牺牲阳极阴极保护两种方法。适用于铸铁、低碳钢、低合金钢、不锈钢、铜合金、铝合金、钛等设备的防腐。对于海水直流冷却系统，需要进行阴极保护的主要结构与设备有：取水头及引水钢管、拦污栅、清污机、海水泵、旋转滤网、二次滤网、凝汽器、收球网、冷却器、管道和埋地侧管线等。

涂层防护是海水直流冷却系统中重要防腐技术之一，涂层可分为金属涂层和有机涂层。金属涂层主要包括纯锌、纯铝和锌铝合金涂层，其中又以锌铝合金（铝含量大于30%）涂层防腐效果最好，经验表明：金属涂层和有机涂层配套使用，在海洋条件下的保护寿命可达10年以上。有机防腐涂层主要有：环氧树脂漆、乙烯树脂漆、氯化橡胶漆、聚氨酯漆、无机富锌底漆等。涂层防腐主要用于海水冷却系统的换热器、输水管路等部位低碳钢和低合金钢设备的防腐，其防腐效果主要取决于涂料的性能，但配套品种和施工工艺也十分重要。日本等国的海水工艺管道采用碳钢管加涂层保护。另外，涂层和阴极保护联合使用，是经济、有效的防腐方法。

亚铁离子预膜是目前发电厂铜合金凝汽器海水直流冷却系统中广泛采用的一种防腐方法。对铜合金的冲击腐蚀、脱锌腐蚀和应力腐蚀都有明显效果。成膜所需的亚铁离子可以由加入硫酸亚铁提供或采用电解法直接产生。成膜方式可以是一次造膜、运行中定期加入或低浓度连续注入。亚铁离子成膜工艺直接影响成膜效果，成膜不当则没有保护效果，甚至会加速腐蚀；另外，对于污染海水特别是被H_2S等还原性物质污染时，亚铁造膜亦没有保护效果。日本的铜合金海水直流冷却系统多采用亚铁预膜防腐。

在海水直流冷却系统中，一种防腐措施往往不能达到很好的防腐效果，通常采用多种防腐措施进行联合保护，才能达到理想效果。在防腐技术的研发和改进上，还有很多值得去探索和研究。

（二）海水防生物附着技术

1. 污损生物的分类

所谓污损生物，是指附着在设备金属表面并对设备使用构成危害的生物。常见海洋污损生物约2500种。其分类及数目见表4-1。

表4-1　海洋污损生物的分类

分类群			总种类数	黏附性种类
微小污损生物		细菌类、真菌类	51	51
		硅藻类	111	111
		原生动物	99	21
		计	261	183
大型污损动物		海藻类	452	452
	无脊椎动物	海绵类	33	33
		腔肠动物	286	286
		环节动物	108	35
		触手动物	139	139
		软体动物	218	95
		节足动物	292	120
		棘皮动物	19	0
		原脊索动物	116	116
		其他	29	0
		计	1240	824
合计			1953	1459

（资料来源：侯纯扬等《海水直流冷却水系统金属腐蚀污损生物附着及其对策》，2002）

2. 污损生物附着的危害

海洋生物附着会给海水冷却系统带来极大的危害，对海水冷却系统产生危害的海洋生物主要包括大型污损生物和海洋微生物。大型污损生物包括多种软

图4-5 被海洋生物附着的码头

体类海洋生物，常见的如贻贝、藤壶、褐贝等。它们的附着将对输水管路和换热器产生污损危害。对输水管路而言，大型污损生物附着的危害表现在：①管径缩小、流量降低，泵的动力消耗增加；②管路表面粗糙度增加，流量降低，泵的动力消耗增加；③污损生物的脱落，可能造成下游设备堵塞，流量降低，泵的动力消耗增加，甚至造成设备损坏。对换热器而言，换热器内的大型污损生物包括上游脱落流入和在管内繁殖、成长（或死亡）两种情况，其危害表现在：①造成管路堵塞，流量降低，传热量降低；②生物附着部位的局部腐蚀。

　　微生物主要包括细菌、真菌和藻类，它们的附着、繁殖，并黏附水中的有机物和泥沙等无机物形成粘泥，从而导致系统流量降低、污垢热阻增大而影响传热，并引起微生物腐蚀。

　　就这两大类污损生物而言，海水直流冷却系统的最大问题是软体类海生物的附着，其防治方法有深海取水法、机械法（滤网、贝类清除装置等）、化学法、增大流速法、防污涂料法及加热处理法等。化学法（投加杀生剂）由于简便易行而成为海水直流冷却关键的防污技术。海水冷却水处理中使用的杀生剂分为氧化性和非氧化性两类。氧化性杀生剂包括液氯、次氯酸钠、二氧化氯、溴化物、臭氧等；有机类杀生剂属非氧化性杀生剂，如有机硫类化合物、异噻唑啉酮等。

　　投加液氯或氯气控制海水直流冷却系统海洋生物附着在许多国家被广泛应用，其次是次氯酸钠、二氧化氯等氧化性杀生剂，但成本较高。近年来，电解海水制氯因其安全可靠、自动化程度高等优点而受到重视。国外电解海水防生物附着技术始于20世纪60年代，在日本、英国、美国、法国等国家的滨海电

图4-6 长满藤壶的礁石

厂应用较多。氯是一种广谱强氧化性杀生剂，据美国电力试验研究院报告，冷却水加氯处理要有效杀死成体海洋生物（90%杀死率），必须采用连续加氯方式，并保证余氯浓度在0.3~0.5毫克/升。由于余氯对水生生物的毒性较大，且对杀生目标无选择性，易对排放海域的生态环境造成不良影响，因此在使用中需要关注其对海洋环境的不良影响问题。随着环保要求的逐步提高，国际上用卤化类氧化性杀生剂的限制越来越严苛，研发低毒、经济、环保的海水杀生剂是未来发展的必然趋势。

通过生物法也可进行防污处理，生物法即通过生物的天敌、噬菌体等防止海洋污损生物的附着。

在海水直流冷却系统中，除了采取基本的加氯处理，也往往联合使用机械法、深海取水法、加热处理法等物理措施，以降低氯系杀生剂的使用量，提高处理效率，降低对海洋环境的影响程度。与卤化类氧化性杀生剂不同，非氧化性杀生剂对污染类目标海生物如贝类等有独特的杀灭效果、对非靶标物种如鱼虾类等影响很小、选择性好、对设备无腐蚀、可按生长季节的变化采用不同方式加药处理等优点而逐渐受到关注，成为海水杀生剂的重要研究和发展方向之一。

二、海水循环冷却

海水循环冷却技术，是以原海水为冷却介质，经换热设备完成一次冷却后，再经冷却塔冷却，并循环使用的冷却水处理技术。和同等规模的海水直流冷却系统相比，海水循环冷却系统由于海水循环使用，使得其取水量和排污量均少95%以上，但同时增加了海水冷却塔。

海水循环冷却技术是在海水直流冷却技术和淡水循环冷却技术基础上发展起来的环保型新技术。经过数十年的发展，海水循环冷却防腐、阻垢、防生物附着以及海水冷却塔技术都有了长足进步，且日趋成熟，应用范围逐步推广。20世纪70年代以来，人们在探索无公害防腐、防生物附着海水直流冷却技术的同时，借鉴淡水循环冷却的有关工艺和技术，开展了海水循环冷却技术的研究和开发工作。

与海水直流冷却类似，海水循环冷却技术依旧采用材料材质、涂层防护和阴极保护等防腐技术。由于海水循环冷却技术排污量小，投加缓蚀剂成为一种工艺简便、成本低廉、适用性强的防腐措施。因此，海水缓蚀剂技术是海水

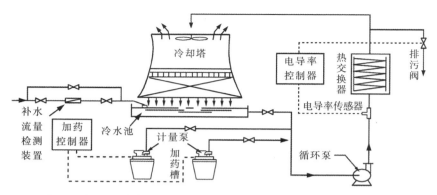

图4-7 海水循环冷却系统示意图（引自：侯纯扬《海水冷却技术》，2002）

循环冷却系统的关键防腐技术。

　　海水循环冷却运行过程中由于浓缩受热而产生的碳酸钙、硫酸钙等水垢沉积以及泥沙、尘土、腐蚀产物等形成的软性污垢会直接影响换热设备的传热效率，甚至会引起垢下腐蚀。加强海水水质处理，降低补充水浑浊度等是防止污垢形成的有效辅助措施，但是主要的防止污垢还需使用海水阻垢分散剂。

　　海水循环冷却系统相对海水直流冷却系统而言，其取水量较小，且会进行海水预处理，因此直接进入循环冷却系统的生物较少，而且主要为微生物，包括细菌、真菌和藻类。因此，相对直流冷却系统而言，循环冷却系统主要是对微生物进行处理，防止微生物黏泥的生成，以便提高系统冷却效率和延长冷却系统的使用寿命。

　　冷却塔是海水循环冷却系统的关键设备。冷却塔是用水作为循环冷却剂，从一系统中吸收热量排放至大气中，以降低水温的装置；其冷却是利用水与空气流动接触后进行冷热交换产生蒸汽，蒸汽挥发带走热量达到蒸发散热、对流传热和辐射传热等的原理，以此达到散去工业上或制冷空调中产生的余热，以保证系统的正常运行，装置一般为桶状，故名为冷却塔。根据塔内空气流动动力的不同，分为机械通风冷却塔和自然通

图 4-8 海水循环冷却中的冷却塔外观图

风海水冷却塔。由于海水含盐量高，腐蚀性远高于淡水，海水冷却塔的设计与淡水冷却塔相比，需充分考虑塔体结构材料、收水器、配水系统、紧固件等的耐海水腐蚀性能；考虑海水冷却塔盐雾飞溅对周围环境的影响。海水冷却塔的飘水率远低于淡水，同时浓缩海水的物理特性对热传导的影响亦不同于淡水，浓缩海水的蒸汽压、比热、密度等因素导致海水冷却能力略低于淡水。海水冷却塔的技术关键是在满足热力性能的同时，防海水腐蚀、防盐沉积和防盐雾飞溅。海水冷却塔提高热力性能的主要措施是通过结构优化设计增大淋水面积以及选用适合海水特性的塔芯构件。

国外海水循环冷却技术的工程应用，始于20世纪70年代，1973年美国在大西洋城某电站建成了第一座海水循环冷却系统，其循环水量为1.4万米³/时，循环水系统投加缓蚀剂、阻垢剂和杀菌灭藻剂等进行净化处理，运行20年左右更换一次冷却塔填料，冷却系统运行稳定。美国一石化企业循环用水量为2.2万米³/时，热换器选用钛合金，采用防盐沉积的海水冷却塔。采用海水循环冷却技术，加硫酸防垢、投加液氯防止生物附着，循环水浓缩倍数控制在1.5～2.5。1978年美国Exxon公司和Drew公司报道了有关海水循环冷却处理技术的研究结果，研究选用碳钢、铜、蒙乃尔400合金和钛材等材料。循环水系统投加缓蚀剂、阻垢剂和杀生剂处理，控制海水浓缩倍数1.5～2.0，金属腐蚀率为：碳钢0.15毫米/年，铜0.076毫米/年，半年清洗一次换热器。美国Fluor公司的海水循环冷却技术在日本冲绳地区应用时，控制浓缩倍数为1.5；在美国新泽西州应用时，浓缩倍数为2.0；在瑞典、新加坡应用时，浓缩倍数为1.5。

1994年德国罗斯托克电厂建成烟塔合一的海水冷却塔，锅炉排烟直接进入冷却塔随雾汽一起排入大气，环保效果明显。经过40多年的发展，海水循环冷却技术在国外已进入大规模应用阶段，单套系统的海水循环量均在万吨级以上，现有最高循环量达15万米³/时，建造了数十座自然通风和上百座机械通风大型海水冷却塔，应用领域覆盖电力、石化、化工和冶金等行业。美国是海水循环冷却技术应用最早、最多的国家，但其应用主要集中在电力行业。在欧洲、亚洲和中东地区，海水循环冷却技术在电力、石化、化工和冶金行业都得到了应用，特别是在中东地区，因其石油工业较为发达，海水循环冷却技术在该行业应用较多。

我国的海水循环冷却技术研究始于"八五"时期。经过"八五""九五"科技攻关，20世纪末完成了百吨级工业化试验，在三剂一塔等关键技术上也取得了重大突破。"十五"期间，通过实施国家重大科技攻关项目，分别在化工和电力行业成功建成千吨级和万吨级海水循环冷却示范工程，海水循环水的浓缩倍率控制比国际上现有工程水平提高了10%～20%，碳钢腐蚀速率、飘水率（即盐雾飞溅量）均达到国际先进水平。

图4-9　浙江台州第二发电厂冷却塔俯视图

"十一五"期间，《海水利用专项规划》颁布实施，科技部对大型海水循环冷却技术装备研究继续给予支持，工程规模进一步与国际接轨，单套系统循环量达10万吨级的海水循环冷却示范工程也于2009年分别在浙江国华宁海电厂和天津北疆电厂建成投运。

在技术层面上，千吨级、万吨级和10万吨级这3套系统的投运，无疑都具有标志性的意义，标志着我国的海水循环冷却技术日趋成熟，进入规模化和产业化发展时期。与国外相比，我国的海水循环冷却技术虽然起步较晚，但是在整体技术上已达到国际先进水平，随着10万吨级海水循环冷却系统的投运，在单套系统规模上也实现了与国际接轨。但是，截至2014年，我国仅建成5座自然通风和20多座机械通风海水冷却塔投入运营，产业规模显然偏低，工程数量还明显落后于发达国家，应用领域单调，主要集中在火电企业，化工企业仅有两家，而在国外应用较多的石化行业，我国还处于零应用的状态。

在冷却塔建设方面，浙江台州第二发电厂1号海水加肋冷却塔（见图4-9）最具有代表性。2014年7月25日下午3时，三门湾畔，当最后一方混凝土通过近200米高的管道注入浙江台州第二发电厂1号海水加肋冷却塔顶部的浇筑模板时，高172米、底部直径138米、占地面积接近一个足球场的超大型海水加肋冷却塔落成，这是目前亚洲最大的海水冷却塔。

第二节　海水脱硫

海水因含有盐类，通常呈碱性，自然碱度大约为1.2~2.5毫摩尔/升，这使得海水具有天然的酸碱缓冲能力及吸收二氧化硫的能力。国外一些脱硫公司利用海水的这种特性，开发并成功地应用海水洗涤烟气中的二氧化硫，达到净化烟气的目的。

海水脱硫有近50年的研究和应用历史，该技术是由美国加州大学伯克利分校L.A.Bromley教授于20世纪60年代首次提出。一般认为影响二氧化硫在海水中吸收量的主要因素有海水碱度、盐度、反应温度和烟气中的二氧化硫浓度，其中反应温度和烟气中二氧化硫的浓度主要取决于实际生产状况。此外，海水中的Fe^{2+}、Mn^{2+}等微量金属离子对二氧化硫的吸收也有一定的促进作用。

在理论研究基础上，自Bromley教授首次提出利用天然海水的碱性去除工业烟气中的二氧化硫的技术原理之后，挪威ABB公司、日本富士化水株式会社和德国鲁奇·能捷斯·比晓夫公司等相继开发出海水脱硫工业化技术。根据是否添加其他化学吸收剂，海水脱硫技术分为以纯海水作为吸收液和在海水中添加一定量的助剂（如石灰）以调节吸收液碱度两种工艺。前者以挪威ABB公司开发的Flakt-Hydro工艺为代表，应用较为广泛；后者以美国Bechtel公司为代表，这种工艺在美国建成了示范工程，但最终并未推广应用。

在1988年以前，海水脱硫主要应用于炼铝厂和炼油厂，如挪威南部铝厂、挪威Statoil Mongstad炼油厂等。海水脱硫技术在火电厂的应用源于1981年美国关岛试验，随后印度TATA电力公司2×125兆瓦燃煤机组采用挪威ABB公司技术分别于1988年和1995年建成两套海水脱硫装置，单套烟气处理能力达44.5万米³/时，成为世界上首个应用海水脱硫技术的火电厂。此后，海水脱硫工艺在电厂的应用取得较快发展。1995年西班牙Unelco电力公司先后在Gran Canaria燃油电厂（2×80兆瓦）和Tenerife燃油电厂（2×80兆瓦）建成4套海水脱硫装置，多年来运行良好；2005年英国开工建设位于重要生态保护区的Longannet电厂，经过对比多种脱硫工艺后，在4套600兆瓦燃煤发电机组上均安装了海水脱硫装置；泰国东海岸Map Ta Phut的BLCP电厂2×717兆瓦燃煤发电机组在进行海域环境评价后，决定采用海水脱硫技术；美国关岛的Cabtas电厂采用挪威ABB公司的Flakt-Hydro工艺进行烟气脱硫；巴西、希腊等地的海水脱硫工程从2004年起也陆续投入运行。目前国外已投运或在建有近百台海水脱硫装置用于发电厂和冶炼厂的烟气脱硫，发电机组总容量超过2万兆瓦。

通过对国内外脱硫技术以及国内电力行业引进脱硫工艺试点厂情况的分析研究，目前脱硫方法一般可划分为燃烧前脱硫、燃烧中脱硫和燃烧后脱硫等3类。其中燃烧后脱硫，又称烟气脱硫（Flue Gas Desulfurization，简称FGD），烟气海水法脱硫是一项成熟可靠的烟气脱硫技术，其系统简单、维护方便、运行费用低，适用于沿海燃烧低硫煤并以海水为机组冷却水的电厂，在国际上已经有近40年的成功应用经验，近年来国内投运的海水法脱硫项目也越来越多。海水法脱硫因系统简单、维护方便、运行费用低而越来越受到滨海电厂的青睐。

海水烟气脱硫工艺是利用海水的天然碱性吸收烟气中二氧化硫的一种脱硫工艺，主要工艺流程如下：一部分海水被送入吸收塔与进入吸收塔的烟气接触混合，吸收烟气中的二氧化硫生成亚硫酸根离子和氢离子变成酸性海水；酸性海水从吸收塔排入曝气池，与未参与脱硫反应的大量海水混合，并鼓入大量的空气，使不稳定的亚硫酸根离子与空气中的氧气反应生成稳定的硫酸根离子，随海水排入大海，从而达到脱硫的目的；同时，在曝气池中鼓入的大量空气还加速了二氧化碳的生成释出，并使海水的pH值和溶解氧量恢复到允许排放的正常水平，最终把水质合格的海水排回大海。海水脱硫工艺一套完整的系统通常包括：海水供应系统、二氧化硫吸收系统、烟气系统及海水水质恢复系统等。

由于海水脱硫需要大量的海水，为海水脱硫系统单独设置一套海水供排水系统既不经济，也没有必要。因此，电厂海水脱硫往往利用机组冷却水系统的排水。在经过凝汽器之后，机组冷却水排水中一部分被用泵抽至吸收塔与烟气发生反应，反应后的酸性海水排至曝气池与剩下的未发生反应的冷却水排水混合并曝气，水质恢复后排入大海。

海水脱硫中海水主要用于二氧化硫吸收系统和海水水质恢复系统。二氧化硫吸收系统海水用水量主要与海水碱度、温度、烟气量、烟气含硫量以及脱硫效率有关。海水碱度越高，温度越低，需要的海水量越少；而烟气量、烟气含硫量以及要求

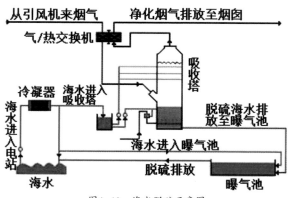

图4-10 海水脱硫示意图

的脱硫效率越高，需要的海水量相应越多。而海水水质恢复系统海水用水量主要与海水pH值、曝气池面积、曝气强度、酸性海水量有关。海水pH值、曝气池面积越大，曝气强度越高，需要的海水量越少；而酸性海水量越大，pH值越低，需要的海水量越大。对于福建、广东以及东南亚等热带、亚热带地区，海水温度较高，电厂冷却水系统一般选择较高的冷却倍率，机组冷却水量较大，一般都能够满足海水脱硫用水量需求。但对于北方寒冷地区，海水温度较低，机组冷却水冷却倍率相对较低，机组冷却水量较少，可能满足不了海水脱硫用水量的需求，就需要另外设置海水脱硫取水泵或者增大冷却水取水量。比如山东华能日照电厂，根据机组冷却水取排水方案、电厂取水区域的水温条件、汽轮机参数对汽轮机冷端进行优化，冷端设计优化结果是循环水冷却倍率为55倍，冷却水量为6.8万米³/时，结合脱硫方案优化，为使海水脱硫后水质恢复，满足排放要求，将冷却水量由6.8万米³/时调为8万米³/时，造成循环水泵流量和扬程相应加大，对电厂经济性造成了一定影响。但随着海水脱硫技术的不断成熟，可以从加大曝气强度入手，如增加曝气池面积、增加曝气头数量等措施，以减少海水取水量。

在世界环境问题日渐突出，引起各国广泛关注的情况下，海水脱硫产生的环境问题也日渐引起各国的关注。在此方面学者们也做了大量的研究，有学者认为该技术对海水水质和区域海洋生态环境的影响并不明显。例如：挪威Bergen大学鱼类和海洋生物系于1989—1994年连续5年对挪威Statoil Mongstad炼油厂海水脱硫排海海域地质进行跟踪监测，监测结果表明：重金属、海洋生物群等环境要素均未出现明显变化。挪威皇家科学工业研究所曾对奥斯陆附近1座1200兆瓦燃煤电厂海水脱硫进行海洋环境影响评价，结论是排水中增加的金属离子和多环类化合物不会对主要稀释区之外的海洋环境产生任何的环境风险。美国和欧盟的环境机构均认为海水脱硫工艺技术成熟，完全满足空气及水质方面的环境要求，可以进行大规模的工业应用。也有人认为海水脱硫系统对电厂循环水系统排水水质产生了较大的影响。主要原因就是因为采用海水脱硫之后，海水水质会发生比较多的变化：①海水在吸收塔与烟气发生反应吸收二氧化硫的同时，也与烟气进行接触换热，使循环水排水温度进一步升高，一般可以使循环水排水温度升高1℃左右；②由于海水吸收了二氧化硫，海水中硫酸根离子含量会升高；③烟气中的重金属在经过海水喷淋洗涤后会进入海水。此外，海水的悬浮物、COD、DO以及pH值等都会发生一定的变化。由于环保法规对电厂循环水排水温度都有比较严格的限制，因此，海水脱硫系统的温升对循环水系统设计有较大影响。比如越南某电厂，当地环保要求排水温度不能超过40℃，而当地夏季最高水温32.4℃。因此如果不考虑海水脱硫，循环水温升可以达到7.6℃；但考虑了海水脱硫温升后，循环水温升必须降低1℃左右，循环水取水量就需要大大增加，整个循环水系统工程量也都相应增加很多。另外，随着环保要求的提高，海水脱硫系统对海水水质的影响，尤其是重金属含量的增加，日益受到人们关注，设计过程中必须充分考虑。

我国非常重视海水脱硫工艺的自主研发，但起步较晚，直到20世纪末才获得迅速发展与推广应用。武汉晶源环境工程有限公司经长期实验及运行实践，开发出适合我国国情的火电海水脱硫装置，获得多项发明专利。中国海洋大学自1997年开始，历时三年研制成功利用玻璃厂废弃物白泥①作为海水脱硫增碱度助剂脱除烟气中二氧化硫的工艺，并在青岛碱业公司、华电青岛发电有限公司和黄岛电厂成功完成工业性试验。该工艺二氧化硫吸收速度快，海水用量少，无淡水消耗与二次污染，适用于不同含硫量的煤，以废治废，成本低、脱硫效率高，脱硫后海水经自然曝气氧化或经综合处理池曝气净化达标排放。2005年，正式涉足海水脱硫领域的中国东方锅炉集团，自行研发并掌握了具有自主知识产权的海水脱硫关键技术，研制出无填料的钢结构喷淋空塔，并增加了曝气功能，海水水质恢复系统采取曝气池曝气为主和吸收塔海水池预氧化为辅的两段曝气方式，曝气更彻底。2006年10月28日，由东方锅炉自主开发并总承包建设的国产首台配30万千瓦燃煤机组烟气海水脱硫系统，在厦门嵩屿电厂顺利通过168小时试运行后正式投运。经福建中试所测试，机组脱硫率大于95%，脱硫排放pH值低于目前国内引进机组，各项指标均达到了国际领先水平。该项目的成功研发，有效突破了国家脱硫海水达标排放这一技术瓶颈，标志着国内大型燃煤机组海水脱硫环保关键技术和设备国产化实现了"零"的突

图4-11　福建嵩屿电厂#3机组脱硫吸收塔

① 　主要成分为$CaCO_3$和$Mg(OH)_2$。

破。此外，清华大学、哈尔滨工业大学等高校也在进行海水脱硫技术的研究开发。因现行海水脱硫技术存在烟气脱硫后重金属沉积对海水水体的污染隐患，国家海洋局天津海水淡化与综合利用研究所有针对性地开发出具有自主知识产权的膜吸收法海水脱硫装置及工艺，并成功应用于天津大港发电厂膜法海水脱硫1000米^3/时中试验，该方法具有气液相非直接接触、烟气浓度处理范围宽、传质速率快、脱硫效率高以及可避烟气中悬浮物与重金属进入海水污染海洋环境等特点，工业化应用前景十分广阔。华能海门电厂作为世界首座采用海水脱硫的百万千瓦机组电厂，规划装机规模为6台百万千瓦超超临界燃煤发电机组，其中1号机组于2009年6月正式投产，同步建设的1号机组海水脱硫装置也投入运行。海门电厂海水脱硫系统主要包括：烟气系统、二氧化硫吸收系统、海水供应系统、海水恢复系统及与之配套的控制系统。其控制系统采用的是现场总线技术，作为目前自动化控制领域最先进成熟的技术之一，在很多工程实践中得到应用，它在海门电厂的成功应用为全面实现该厂的数字化生产和管理进行了有益的探索。

第三节　大生活用水

在城市淡水资源利用中，人类对水的消耗除了工业用水之外，城市生活用水也是相当巨大的。随着城市的发展，人民生活水平的提高，城市生活用水量在用水总量中的比重越来越大。据不完全统计，城市生活用水总量占城市供水总量的30%左右，而冲厕用水占城市生活用水的35%左右，仅青岛市每天冲洗厕所用水量就在7万吨左右；在发达国家，如美国，冲厕水占生活用水量的40%以上，随着城市的发展，这个比例还在增大。所以，在淡水资源日益紧缺的情况下，耗用大量的饮用水用于冲厕无疑是一种淡水资源的浪费。利用海水作为大生活用水，可以代替35%左右的城市生活使用的淡水量，这将节约大量的淡水资源，可以有效缓解沿海城市淡水资源紧缺的局面，是应对淡水资源危机的有效途径之一。

所谓大生活用海水就是将海水作为城市生活杂用水（主要用于冲厕）。香港是世界上最早采用大生活用海水技术的城市。作为国际上重要的工业、金融和贸易中心，香港是世界上人口最稠密地区之一。香港平均年降水量约2200

毫米，折合水量约24亿米³。按照东江流域平均年径流系数0.56计算，平均年径流深约1200毫米，径流量13亿米³，人均地表水资源量仅约200米³。因此，香港供水不能全靠当地淡水资源。

为解决水资源短缺问题，从20世纪50年代末开始，在香港的部分建筑物中开始利用海水冲厕。考虑到可操作性和经济因素，对不同地区提出不同的目标和要求。香港岛在20世纪60年代以前已有相当发展，由于建筑密度高，再铺设一套海水供应系统相当困难，故这里的进展相对较慢，至今该岛海水供应覆盖率仅为65%。九龙半岛在20世纪60年代才开始大规模的市区开发，海水供应系统和其他基础设施同时建设，发展较快，现海水供应覆盖率已达93%以上。另外，在新开发市镇时，须同时铺设淡水、海水两套管网系统。从经济方面考虑，当住户较少时，先用淡水冲厕，在人口达到一定数量后即将冲厕淡水改成海水。起初，香港尝试用政府建筑物经水冷式空调系统排热的海水进行冲厕，结果获得成功，后来在政府机关及政府补助的高密度住宅作冲厕用，证明利用海水冲厕的技术是可行的。于是香港水务署开始在全市逐步推行海水冲厕计划，历经40多年的发展，将冲厕海水供应逐渐扩展至市区及新市镇。到2003年，香港697万多总人口之中，获得海水供应的人数占总人数的80%，每年冲厕海水量达2.45亿米³，占冲厕用水量的90%。

2008年，海水年供应量达2.75亿米³，约占总用水量的22%，供应人口达548万。也就是说，使用海水代替淡水冲厕可以减少淡水用量的22%，若按购买东江水的费用（约3元/米³），每年可节省多达8亿港币，效益可观。

截至2015年香港在市区和多个新市镇都安装了海水冲厕系统，至今已设有21座沿岸海水抽水站，并通过海水供应网络，把海水直接输送至用户。海水供应网络已覆盖大约八成香港人口，每年节省2.7亿米³饮用水，相等于大约三成的饮用水用量。

使用海水冲厕不但可以节省珍贵的淡水资源，同时也会减低电能的消耗。目前供应饮用水的用电量为每立方米0.57度，而海水只是每立方米0.39度，所以利用海水冲厕，除了可以节省饮用水外，也是一个节能的环保措施。

海水冲厕技术涵盖海水提取、输配和净化技术、防腐防渗技术、防生物附着技术，污海水生化处理技术、海洋处置技术以及制定冲厕海水水质标准、排放标准和相关政策法规等项内容。目前，我国香港是世界上唯一广泛使用海水冲厕的地区，有60多年的发展历程，已经形成较成熟的海水冲厕体系，备受国际关注。

香港海水冲厕的供水系统运行过程如下：海水先由隔滤网（每个网孔12毫米^2）除掉较大的杂质后，进行加氯消毒，以防止配水库和输水管内海生物附着和繁殖，降低输水能力。投氯量为2~3毫克/升，以出水中余氯浓度大于或等于1毫克/升来定，对于水质变化较大地区

图4-12　香港海水抽水站

的抽水站还需安装曝气设备，用来增加海水中的溶氧量，以防厌氧分解而产生臭味，最后用泵输往配水库和用户，利用配水库中海水的势能，可将海水直接供到离地六七层楼的高度。而高层建筑则由自设的抽水系统，把海水送至楼顶的高位水箱，再供用户。

香港水务署根据1983年沙田镇的发展规划，按该镇人口79.4万人、工业占地2304.45公顷（1公顷=1万米^2），确定沙田镇冲厕水（包括少量的冲洗水）需求量为7.2万米^3/日，供水系统的设计能力为9万米^3/日。对于利用三种水源（淡水、海水和中水）进行了较为全面的经济分析，结果显示，大生活用海水系统的经济性最好。

由于海水腐蚀性强，香港海水冲厕系统各部位均采用耐海水腐蚀材料。为保证冲厕海水质量，香港对冲厕海水水质提出了明确要求，水质指标要求较高。海水冲厕系统防生物附着以往一般采用液氯进行生物杀生，但由于液氯的腐蚀性、毒性和繁杂的运输、贮存问题，直接应用液氯开始减少。近年来香港采用直接电解海水制氯的方法，采用该方法进行生物杀生具有经济性好、安全性高的优势，同时又能实现自动连续加氯，因此得到广泛使用。近年来，香港水务署对海水冲厕技术仍在进行持续改进和创新，如为了减少海水工艺系统的跑冒滴漏而开展的弹性座封闸阀应用研究；为了改善海水澄清池的出水水质，在沙田供水厂正在进行斜管澄清池的应用研究；为保证在水务设施中使用高效率电动机，在坚尼地城海水供应站使用变速水泵研究最具有能源效应的泵水模式等。

1999年，中国高科技产业化研究会（简称中高会）海洋分会承担了国家科技部下达的"滨海、岛屿城镇居民海水冲厕示范区方案建议研究"

（99025）课题。来自建设部国家城市给水排水工程技术研究中心、水利部中国水利水电科学研究院、国家海洋局海水淡化与综合利用研究所的专家和海洋分会的专家一样，对香港利用海水冲厕技术、我国沿海地区开展海水冲厕的必要性和可行性、海水冲厕工艺及工程估算进行了研究并提出了具体措施建议。国家海洋局海水淡化与综合利用研究所承担了国家下达的"九五""十五"重点攻关任务，对与大生活用水技术和示范工程有关方面开展了全方位的工作，成功培养、驯化出适应高含盐量环境的活性污泥，探讨了不同海盐生活处理系统的COD去除率、耗氧量、基质氧利用率的变化和污泥沉降性能，取得了冲厕海水进入城市污水处理系统后，混合污水生化处理系统的设计参数等成果。

国家海洋局海水淡化与综合利用研究所也和青岛供水管理处进行了合作，又取得了海水净化新型絮凝剂、大生活用海水生物塘处理技术研究等一系列成果，对取水、储水以及输水系统进行了优化设计，青岛市小区海水冲厕示范工程建设作出了突出贡献。2003年，青岛市供水处又与青岛建筑工程学院联合承担了"青岛市海水冲厕技术研究与应用"科研项目，重点对冲厕海水的后处理技术和有关经济技术指标进行了研究，其示范工程设在双星集团热力厂综合楼。在这些技术和经验的积累上，2007年，在青岛隆海·海之韵小区建成我国大陆首个大生活用海水示范工程，海水供水量为1050米^3/日，为46万平方米的小区提供冲厕用水，发挥了良好的示范作用。实际上，在海水直接利用方面，青岛市一直走在全国的前列，现日用海水量240米^{3}左右，主要应用于工业企业，为缓解城市供水紧张和保证社会经济发展起了重要作用。工业上使用海水已具较大规模，积累了很多实践经验，从青岛城市发展情况来看，居民用水、宾馆、饭店等大生活用水量所占比重不断提高，而这部分水中，冲厕水又占了较大的比例，所以实行海水冲厕具有重大的节水意义。青岛市结合创建"海水利用示范城市"的机遇，并借鉴香港海水冲厕经验，提出了建设青岛海水冲厕示范工程的构想，经过示范调研，已成为我国第二个利用海水冲厕的城市。作为青岛第一个实现海水冲厕的小区——隆海·海之韵住宅小区，其海水冲厕示范工程于2011年3月被评为2010年度"山东人居环境范例奖"。按青岛发展思路，在取得海水冲厕示范工程经验的基础上，要分别在麦岛、团岛、高科园等地建立海水冲厕系统工程，同时结合青岛电厂、海水厂、碱厂等已有的海水利用设施，逐步在全市推广海水冲厕。预计到2030年，青岛市大生活用水计划达8万吨/日。

海水冲厕不仅环保，而且其成本不足城市自来水成本的一半。现今，海水冲厕已经扩展到沿海多个社区、单位。与青岛类似，大连市利用海水规模也较大，并有建立海水冲厕示范区的设想，天津、深圳等城市也在考虑海水冲厕以节约淡水资源。早在1990年天津塘沽区已建成了一座日净化海水1万米³的海水净化厂，供天津碱厂做化盐用水，此外，还在一座办公楼的1层和2层建立了海水冲厕系统。在"十五"期间，天津将某占地面积2万米²的住宅小区内铺设海水冲厕管道，建立示范工程。2005年，舟山市一家酒店首开浙江之先河，改用海水冲厕，遗憾的是该系统只运行了几个月就因成本问题被迫放弃。2006年，烟台市一个居民小区300户居民，首次用上了海水冲厕。2015年，厦门在出台的《厦门市水污染防治行动计划实施方案》中提出，今后厦门新建的住宅小区将试点采用海水冲厕。

如今，厦门、深圳、浙江、青岛等地均将大生活用海水利用技术列入了城市总体规划，如深圳市水务局通过与规划国土部门进行协调，在对东部南澳、葵涌、大鹏三镇的城市规划中要统一考虑建设海水利用系统，主要用于海水冲厕等，以缓解其水资源紧缺的矛盾。有关专家认为，民用住宅区设置海水系统可节水30%以上。全国沿海城市有2亿居民，若全部采用海水作为大生活用水，则每年可节约淡水50亿吨。这对缓解沿海城市淡水资源紧缺局面，促进沿海地区经济发展起到重要作用。另外，大生活用海水示范工程的大规模推广还可促进我国机电、材料、药剂、环境保护等相关行业在海洋领域的应用和发展。

虽然大生活用海水技术与中水、自来水相比，在工程投资、运行费用、经济和社会效益方面均有较大优势，在我国沿海地区有广阔的应用空间和发展前景，但从目前海水直接利用的情况来看，生产用水还是多于生活用水。目前，利用海水冲厕在我国沿海一些城市已有成功的范例，可为沿海城市推行海水冲厕提供成功的技术和经验。随着社会各界对大生活用海水技术优越性认识的加深，大生活用海水技术将会发挥优势，为全社会创造更大的效益。

国家发改委与水利部联合发布的《水利工程供水价格管理办法》规定，我国水利工程供水价格将纳入商品价格范畴管理，实行超定额累进加价、丰枯季水价和季节浮动水价制度，该办法自2004年1月1日实施。它的颁布是我国水价改革的一个重要里程碑，标志着水利工程水费作为行政事业性收费管理的模式将彻底改变。水价改革极大地推动了我国大生活用海水产业的发展。现在，我国东部沿海开展大生活用海水工作时机已渐成熟。在国家的大力支持下，推行海水冲厕的前景是广阔的。我国沿海城市居住人口近3亿，今后10年若以现在沿海城市居民人口计算，若采用海水冲厕人口达到25%～30%，则每年节约的淡水约为12.5亿～15.5亿吨，这样会大大缓解沿海地区淡水资源紧缺的局面，具有非常巨大的社会效益和经济效益。

利用海水作为大生活用水是一项综合技术，涉及海水取水和净化处理技术、海水输送和贮存技术、防腐蚀技术、防海洋生物附着技术、异味去除技术和冲厕海水后处理技术。目前，海水防腐和防生物附着技术已基本成熟，大生活用海水的关键技术是海水净化和冲厕海水后处理技术。

在海水净化技术方面，我国在借鉴国外先进技术的基础上，发展十分迅速，特别是高效絮凝剂以及混凝新工艺研究都取得了长足进步。为满足大生活用海水净化技术的发展需求，我国成功开发出新型高效、经济环保的海水净化专用絮凝剂——聚硅氯化铝和聚硅氯化铁，兼具无机高分子和有机高分子絮凝剂的特性，混凝效能优良，尤其对于难处理的低温、低浊度海水具有很好的混凝效果。鉴于传统絮凝沉淀法易受海水水质波动影响而出现药剂超负荷运转或反浑现象，我国将机械拢拌、斜管沉淀和污泥回流3种工艺进行有机结合并用于海水预处理，开发出增效澄清工艺，可使出水浊度有效降低，在海水浊度波动较大的情况下仍能实现海水高效净化处理。我国还开展了另一种高效海水处理工艺——微絮凝直接过滤工艺研究，将混凝反应和截留过程集中在同一系统内同步完成，工艺结构紧凑，占地面积小，耐盐度冲击，适用于低浊度净化。此外，我国对电絮凝海水净化技术也进行了有益探索和研究。

为了降低海水对冲厕系统的腐蚀，通常采用耐腐蚀材料并加强防腐措施。"十五"期间，我国研究了铸铁、混凝土在海水中的腐蚀状况、腐蚀机理和防腐方案，发现采用耐腐蚀材料、对混凝土配方加以改进、使用矿渣水泥和加强防腐措施可维持海水冲厕系统长期、稳定、可靠运行。近期，香港新建设的海水冲厕管道系统，对于直接与海水接触的泵部件均采用不锈钢材料，输送海水和管材，直径600mm以上的用内衬水泥砂浆的钢管，直径600mm以下的采用UPVC管①或者内衬水泥砂浆的球墨铸铁管，户外采用UPVC管。防腐效果良好。大生活用海水技术可采用涂料防污法、液氯法、次氯酸钠法和二氧化氯法等解决系统的生物附着问题。电解海水制氯法具有良好的技术和经济适应性，被认为是适合我国国情的最有效的防生物附着措施，海水中的余氯浓度不应低于0.5毫克/升。针对海水输送管道较长，外界补氧不足而产生异味的问题，可

---

① UPVC又叫PVCU，通常称为硬PVC，它是氯乙烯单体经聚合反应而制成的无定形热塑性树脂加一定的添加剂(如稳定剂、润滑剂、填充剂等)组成。

在海水的预处理工艺中进行充氧曝气并加大消毒剂的投加量，以提高系统中海水的溶解氧浓度并充分保证海水中的余氯浓度，尽量避免厌氧环境。

海水含盐量高，冲厕海水进入城市污水系统后必然会给污水生化处理系统带来不良影响，因此冲厕海水后处理是大生活用海水的关键技术之一。自"九五"以来，我国对各种冲厕海水后处理技术包括生化处理、物化处理和海洋处置技术等进行了深入研究，取得丰硕成果。

博大的海洋存在着永恒的物理、化学和生物三种过程和反应，具备相当强大的自我恢复能力，这也被称为自净能力。合理利用海洋稀释自净能力将冲厕海水进行深海排污无疑是一种明智的选择。就深海排污而言，有利于保持近岸海水的水质，保持生物的多样性，对近岸海洋环境质量总体保持稳定具有重要意义。

第四节　海水直接利用新技术

近年来，随着人们海洋意识的增强和技术的进步，一些新兴的海水直接利用技术如海水灌溉农业、海水源热泵受到高度关注，其研究和应用将会对人类社会的文明进步产生革命性的影响。

一、海水灌溉

随着工业化进程的加快和人口迅速膨胀，耕地不断减少，土地盐渍化、荒漠化严重，对以淡水为支撑的传统农业提出了严峻挑战。海洋作为生命的摇篮，整个地球生物生产力的88%来自于海洋，为了解决自身的生存与发展问题，人们开始将目光投向海洋，海水灌溉农业由此应运而生。所谓海水灌溉农业就是以海水资源、沿海滩涂资源和耐盐植物为劳动对象进行能量交换和物质生产的特殊农业。合理开发利用海洋，发展海水灌溉农业是解决资源短缺、人口增长和环境恶化的重要出路，是实现经济和社会可持续发展的重要保证。

美国著名的未来学家阿尔温·托夫勒在其专著中指出：21世纪世界农业将迎来大变革的时代，全球范围内将出现"第三次浪潮"——人类从工业经济走向知识经济时，通过应用高科技成果，使工业经济下的农业变成一种崭新的知识产业。面对"第三次浪潮"的到来，许多国家不失时机发展现代农业。在现代农业发展中，海洋也不失时机地占据一定地位，除向人类提供鱼虾贝类以及藻类等可食用生物外，也发挥同陆地一样的功效——进行粮食生产，这就是"海洋农业"。"海洋农业"又被称

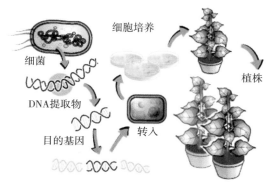

图4-13　基因工程示意图

作"海水农业""蓝色农业"等，它就是直接用海水灌溉农作物，开发沿岸区域的盐碱地、沙漠地和荒漠等，进行农作物种植。建立海水农业的核心问题是海水的直接利用。海水农业就是要使陆生植物"下海"，也就是要陆生植物"重返"海洋，使海水具有和淡水同样的功效，可以为陆生植物利用。

　　现代生物工程技术为海水灌溉农业的发展开辟了广阔道路。培育耐盐植物主要有以下两条途径：①通过遗传改良，将耐海水和耐盐碱的野生植物改良成可栽培的农作物品种。在众多的遗传种质资源中，存在2000~3000种盐生植物，在这些植物中，毫无疑问存在着能够适应和利用海水的生理机能和遗传信息，对他们进行筛选，用遗传改良方法培育出人类需要的品种；②通过基因工程和细胞工程技术提高普通农作物的耐盐性。基因转移的问题在于植物抗盐基因不明，从现有研究结果来看，不是单一基因，而是复合基因，彼此关系也不是十分清楚，将其导入农作物并得到表达，还需进行深入研究。大规模品种筛选已获得可用海水灌溉的大麦、小麦等作物，此外，杂交种已获得耐三分之二海水的西红柿。科学家们正在试验，将陆地植物的基因转移到藻类植物中，把海洋动物的基因转移到陆地动物中使陆地生物适应盐水环境，帮助在进化过程中从海洋"爬"上陆地的生命重新回归"大海"这个生命的摇篮。随着科技的进步，用海水种庄稼不是天方夜谭。科学家预测，通过基因重组等生物科技的应用，适应海水灌溉的作物将达数千种，甚至有朝一日海水农业的生产规模会超过海洋渔业。可以想象，一旦海水农业形成气候，传统的以淡水灌溉支持的传统农业将发生巨变，整个农业生产将进入一个更为广阔的空间。

　　在很久以前，人们就梦寐以求并努力探索使用海水灌溉农作物，据说18世纪西班牙毕尔巴鄂附近海岛上的修士就曾经用海水灌溉过一块耕地，但是

在资料中没有详细记载。在1949年，两个在以色列工作的日本园林专家偶然发现海水可以用来灌溉林木。同年，生态学家雨果·博伊科和园艺学家伊丽莎白提出了海水灌溉农业的概念。从1978年开始，美国亚利桑那大学与以色列合作研究了世界各地生长在不同环境中的2000～3000种草本、灌木、

图4-14　海蓬子

乔木盐生植物，经过近20年研究，最后筛选出12种，其中最优秀的代表植物就是海蓬子（见图4-14）。20世纪90年代中期，亚利桑那大学将海草的基因移植到陆地作物甜高粱中，培植出可用海水浇灌的新型甜高粱，标志着现代生物技术在海水农业中的应用取得重大突破。据美国《科学》杂志在线新闻报道，通过基因工程，科学家新近培育出一种西红柿具有超级去钠（salt-pumping）基因。加州大学戴维斯分校的植物生物学家Blumwald和加拿大多伦多大学的Hong-Xia Zhang将拟南芥（Arabidopsis）植物中的"去钠蛋白质"引入到西红柿植物中，实验结果表明，普通西红柿品种在含盐量达到海水浓度一半的溶液中栽培时就会凋亡，但具有"去钠蛋白质"的西红柿在这样的溶液中却可健康地生长并结出西红柿。这种引入的蛋白质起了明显的作用：转基因植物叶子中的液泡泵出钠的速度比普通植物快7倍，而且只累积其中5%的盐分。这种西红柿的味道也不错，与普通西红柿相比，它们具有相同的糖分和更少的盐分。另外，美国还培育出耐全海水的大麦和耐半海水的春小麦，尤其对耐盐植物盐角草的综合开发已接近实用化，从此，海水农业开始受到各国的广泛关注。

中亚地区已成功地开发出直接用咸水灌溉农作物的技术。阿塞拜疆水利技术与土壤研究所，在濒临里海干旱的阿普伦半岛进行了多种作物的盐水直灌试验：利用海水直灌蔬菜、西红柿，粮食作物高粱青饲料，观赏灌木柽柳（见图4-15）、石榴及爱尔大松、齐墩果树、皂荚树和许多其他树木及灌木。经过别赫布托夫5年的长期试验，已得到了"利用海水直灌完全可以代替淡水灌溉多种植物"的结论。证实其中抗盐性最高的是爱尔大松、柽柳和石榴，它们完全适应海水浇灌并能在沙地苗壮成长。如将海水掺和一半淡水，或将海水通

图4-15　耐盐碱植物——柽柳

过磁铁管道装置输送，其效果更佳：每公顷面积土地能收获2.3万千克高粱青饲料。他的实验也证明磁铁对脱盐有最佳的效果，为海水脱盐创造了简易而有效的条件，盐水的磁化脱盐，不仅适用于一般盐水直灌，而且也适宜于盐渍地排盐洗碱。盐水直灌与磁化，现在已全面推广至中亚土库曼沙漠、乌兹别克草原、伏尔加河流域及许多其他地区。

　　以色列、沙特、墨西哥、印度等国在海水灌溉农业的研究和应用方面颇有成就。目前沙特阿拉伯和墨西哥等国已成为发展"海水农业"的大国，如墨西哥培植的"海芦笋"（海蓬子）是完全使用海水进行灌溉的，其生长过程中无须使用农药和化肥，产品除含有维生素A、维生素C和铁、钙、钠、糖、蛋白质等营养成分外，还含有能降低胆固醇、防止皮肤起皱衰老的亚麻酸，已出口至数十个国家。实践证明，将初级海洋生物的基因与陆生农作物的基因重组，将培育出大量可在沙漠和盐碱地生长并用海水灌溉的新型农作物，使农业进入一个全新的发展领域。

　　山东社会科学院海洋经济研究所徐质斌先生在1999年发表的文章中介绍道："美国已经培育出2种全海水小麦、29种半海水春小麦和耐三分之二海水的番茄。印度已经培育出耐80%海水的春小麦。沙特阿拉伯的拉斯扎乌尔以南2公顷种植场，使用SOS-10号种栽培海蓬子，收获油籽7吨，平均亩产116.7千克。阿拉伯盐水技术公司首期试种了250公顷海蓬子获得成功，继而准备扩大到4500公顷，最终目标是在沿海种植20万公顷，年产12万吨植物油。"

我国从20世纪60年代就开始进行了耐盐植物栽培的研究，在引种优良耐盐品种、基因工程和细胞融合培育新品种等方面都取得了重要进展。目前，我国有盐生植物424种，隶属于66科200属，为我们提供了丰富的种子库和基因库。1996年山东东营市建立了我国第一个盐生植物园，占地3.5公顷，有525平方米的玻璃温室和900米²的冬暖式大棚，收集、保存耐盐植物150多种，引种国内外盐生植物80多种。20世纪60年代，南京大学成功引进了英国大米草[①]，在江苏省建成了我国第一个面积2000公顷的大米草牧场，1979年又引种了美国互米花草，这是一种有较高经济价值、生命力极其顽强的植物，粗蛋白含量可达10%，一般植株高度可达2米，可以作为畜、禽、鱼饲料，也可用来做造纸和栽培香菇的原料，并且可以有效地保护侵蚀性海滩，现在每年的产量可达万吨。海南大学科研人员以盐生植物为供体，蔬菜为受体，运用花粉管通道技术，将海岸耐盐植物红树DNA导入普通茄子、辣椒基因中，获得了耐盐能力明显增强的后代。在海滩用含盐2.5%～3.1%的海水直接灌溉，100天后，茄子转化存活率为10%，其中95%生长正常；辣椒存活率为2.6%，其中55%生长正常，而对照株全部死亡。

海水稻有植物界的哥德巴赫猜想之称。早在20世纪30年代末期，东南亚及南亚一些国家就开展了培育耐盐水稻品种的研究。斯里兰卡在1939年就繁殖了耐盐水稻品种"Pokkali"，并在1945年予以推广。印度也是较早开始培育耐盐水稻的国家，在1943年，马哈拉施特拉邦就推广了耐盐水稻"Kala Ratal-24"和"Bhura Rata 4-12"，现在印度几乎各邦都发展了适合于当地的抗盐水稻品种。国际水稻所成立以来，设立了"国际水稻耐盐（碱）观察图"，将水稻品种的耐盐性作为对品种资源遗传评价的内容之一。我国培育抗盐水稻的零星试验，可以追溯至20世纪50年代，在我国1959年出版的《植物生态学》中，植物学家何景介绍道："根据我们的调查和了解，福建沿海各县就有许多抗盐水稻品种，抗盐力高到可以直接在新开垦的海滩上种植。例如我们在厦门附近金定乡找到的'青骨子'抗盐水稻，在新开垦的海滩上，非常黏结的黏土中，用凿穴插秧的方法，还可以得到每亩400斤的产量（一熟），而且米粒饱满，米质很好。我们曾经用不同浓度的食盐平衡溶液来试验其发芽率，

---

① 大米草，原产于英国南海岸，生长于江河边、海边滩涂，有防浪固堤的作用。

在0.8%的食盐溶液中，全部发芽而且还很整齐，生长茂盛。其后由于培养液水分的蒸发而浓度达到1.2%，生长还是很好。在1.4%的食盐溶液中，依然能发芽……可惜由于设备关系，没有能长期培养，也未能进行大田栽培。"水稻在不同生长周期的耐盐程度是不同的。何景的试验观察到的仅是"发芽率"。同样的盐浓度下，水稻是否能顺利成长，这方面的资料付诸阙如。

对比国外，我国对作物品种资源耐盐（碱）性的研究工作起步较晚，1979年才"将稻麦品种的耐盐性列为遗传评价的一项重要内容，并建立专题进行系统研究"。在第六个五年计划期间（1981—1985年），中国农业科学院曾"组织有关单位协作，对2994份水稻资源进行了筛选鉴定，筛选出103份中度耐盐的品种（系）"，其试验采用"淡水育秧"，移栽后"咸水灌溉"，并保持田间灌溉水的盐度相对稳定，其中"盐水浓度高，土壤肥力低"，筛选条件很苛刻。结果得到了三个"确已证明其抗盐性强，丰产性好，适应性强，是有希望可以直接推广利用的耐盐水稻品种"，另外，"如81-210、兰胜、美国稻三个品种已在江苏滨海县等地推广种植数万亩"。值得注意的是，以上所有的耐盐水稻，只能在程度较轻的盐碱地（含盐量0.3%左右）进行规模化种植，并不能用海水直接灌溉（海水平均含盐量3.5%左右）。即便2000年之后细胞工程和基因工程法被应用于水稻耐盐性研究之中，培育出来的水稻仍不足以在海水中直接生长。

2016年10月，由袁隆平领衔成立的"青岛海水稻研究发展中心"落户，中心设立于李沧区院士港16号楼。研发中心由中国特等发明奖、国家最高科学技术奖和国家科技进步特等奖获得者，"世界杂交水稻之父"袁隆平院士担任主任和首席科学家，由袁院士牵头整合国内外在水稻遗传育种和植物光合作用研究领域顶尖科技人才，建设一流研发团队，打造世界领先的科研和产业化应用平台。研发中心下设三个研发方向，耐盐碱高产水稻（简称"海水稻"）便是其一。他们将在现有自然存活的高耐盐

图4-16　青岛海水稻研究发展中心落户李沧区签约仪式

碱性野生稻的基础上，利用遗传工程技术选育出在盐度不低于1%盐度海水灌溉条件下，能正常生长且产量能达到每亩200千克至300千克的供产业化推广的水稻品种。研发中心建成以后，将选育出在我国2000万亩沿海盐碱地推广的海水稻品种，每年按1000万亩推广增产200万吨粮食，未来前景巨大。

经过多年研究，海水灌溉农业取得突破性进展，有些国家已建立了实验农场，但还没有实现大规模生产，海水作物的生理局限性、成本高等成为主要的制约因素。作为未来农业的一种新模式，海水灌溉农业值得继续深入研究。而培育低成本、高经济价值的优耐盐生物品种是海水灌溉农业持续发展的关键。除发展海水灌溉农业外，还应拓展到一般盐渍土壤种植模式研究，这对于中国乃至世界来说都具有重要意义。

二、海水源热泵

随着现代工业的迅速发展，煤和石油等化石能源的大量消耗，资源短缺已经成为制约社会经济发展的瓶颈，并由此导致环境污染日益严重。海水源热泵技术以其显著的环保和节能优势受到人们的广泛关注。海水源热泵技术是利用海水吸收的太阳能和地热能而形成的低温、低位热能资源，采用热泵原理，通过少量的高位电能输入实现低位热能向高位热能转移的技术。海水源热泵系统能以节能的方式为建筑物供热、供冷或为工矿企业提供工业用水。它虽然以海水为"源体"，但不消耗海水，也不对海水造成污染。

采用海水源热泵为建筑物供热可以大大降低一次能源的消耗。通常我们通过直接燃烧矿物燃料（煤、石油、天然气）产生热量，并通过若干个换热环节最终为建筑物供热。在锅炉和供热管线没有热损失的理想情况下，一次能源利用率（即为建筑物供热的热量与燃料发热量之比）最高可为100%。

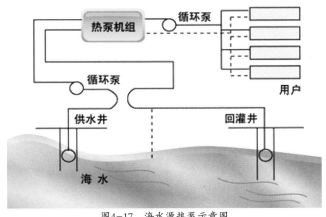

图4-17 海水源热泵示意图

但是，燃烧矿物燃料通常可产生1500～1800℃的高温，是高品位的热能，而建筑物供热最终需要的是20～25℃的低品位的热能；直接燃烧矿物燃料为建筑物供热意味着大量可用能的损失。如果先利用燃烧燃料产生的高温热能发电，然后利用电能驱动海水源热泵从海水中吸收低品位的热能，适当提高温度再向建筑物供热，就可以充分利用燃料中的高品位能量，大大降低用于供热的一次能源消耗。供热用海水源热泵的性能系数，即供热量与消耗的电能之比，现在可达到3～4；火力发电站的效率可达35%～58%（高值为燃气联合循环电站）。采用燃料发电再用热泵供热的方式，在现有的先进技术条件下一次能源利用率可以达到200%以上。因此，采用海水源热泵技术为建筑物供热可大大降低供热的燃料消耗，不仅节能，而且也大大降低了燃烧矿物燃料而引起的CO_2和其他污染物的排放。海水源热泵技术是解决资源与环境问题，实现经济、社会和环境可持续发展的重要途径之一。

　　海水源热泵技术是水源热泵技术的发展。海水温度相对恒定，是热泵机组的优良热源形式之一。海水源热泵技术遵循热力学"逆卡诺"循环原理，以海水作为提取和储存能量的基本"源体"，在冬季把海水吸收的太阳能"取"出来，供给建筑物热量；夏季则把建筑物内的能量"取"出来，释放到海水中，从而使热量不断得到交换传递。

　　作为海水直接利用新技术，海水源热泵技术始于20世纪。海水源热泵站供冷、制热方案是一次性能源消耗少、一次投资少、回收年限短的方案，因此可以说在沿海地区推广应用海水源热泵是可行的，但应注意海水源热泵的一些特殊性问题：①腐蚀性问题。海水含盐量高，主要含有氯化钠、氯化镁和少量的硫酸钠、硫酸钙，因此海水具有较强的腐性和较高的硬度，所以海水源热泵系统的防止海水腐蚀的问题在设计中是十分重要的。②泥沙淤积问题。海滨地区，潮汐运行往往使泥沙移动和淤积，在泥质海滩地区更为明显，因此取水口应避开泥沙可能淤积的地方，最好设在岩石海岸、海湾或防波堤内。③生物附着

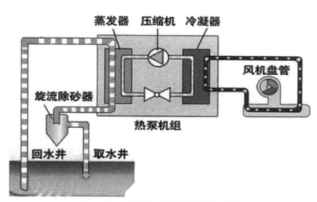

图4-18　水源热泵空调系统示意图

问题。海洋生物、附着物十分丰富，有海藻类、细菌、微生物，在一定的条件下会大量繁殖，附着在取水构筑物、管道、设备上并容易造成堵塞，对系统的可靠运行带来很大威胁。④充分考虑海洋要素对取水位置的影响。海洋中的潮汐、波浪、水温都会对取水选择有影响。例如，潮汐具有周期性，高低潮位之间引起的潮位差别可达2~3米，而由风引起的海浪具有很大的破坏力，因此取水构造建筑物的设计应该充分注意这些问题。此外，近海海域海水温度会因时、因地而异，也会随着深度的不同而产生不同的差异，在设计中也应该考虑。

纵观技术发展，国外始于20世纪70年代，目前其防腐、防生物附着关键技术已基本成熟。在国外，铜和钛材换热器得到了广泛应用，钛材换热器具有良好的耐腐蚀和导热性，对生物附着也有较强的抵抗能力。金属设备常采取涂层和阴极保护等联合防腐措施。为防止海洋大生物附着，通常设置过滤网和投加氯气、二氧化氯或季铵盐类非氧化性海水杀生剂。

20世纪80年代起，海水源热泵技术已在瑞典、挪威、瑞士、奥地利、丹麦等国家实现了规模化应用。瑞典海水源热泵技术应用尤为发达，首都斯德哥尔摩于20世纪80年代中期即建成世界上最大的海水源热泵站，用于区域供热和供冷。1987年，挪威Stokmarknes医院建成功率为1.7兆瓦的海水源热泵机组为1.4万米^{2}的建筑物供热。1994年，特隆赫姆港一个大型的热泵系统在Statoil研究中心投入使用。利用海水作为热源，供热面积为2.8万米^2，海水温度为5~6℃，选用两台450千瓦的热泵机组。加拿大哈利法克斯海港于1996年建立了利用海水进行冷却商业建筑的海水空调利用系统，取水深度约为25米，夏天配合冷冻机联合使用。20世纪90年代，日本大阪南港宇宙广场建成23.3兆瓦海水源热泵供暖工程。2000年，澳大利亚悉尼奥运场馆采用了海水源热泵技术。2006年，日本在水族馆中应用海水源热泵系统，其能效比（COP）在制冷时可达到3.4。美国的夏威夷和关岛、荷兰的安的列斯群岛、新西兰的奥克兰市都在进行海水空调研究，但他们考虑的主要是夏季从深海取低温水直接与热交换机进行换热，从而输出冷水。

在海水热源泵利用方面，瑞典最具有代表性。斯德哥尔摩是瑞典的首都和最大的城市，位于瑞典的东海岸，濒临波罗的海，因岛屿众多而享有"北方威尼斯"的美誉。从20世纪中期开始，区域供热就在斯德哥尔摩的整个能源供应中占有重要地位。而利用热泵进行区域供热，则始于1985年，也就是始于Friotherm公司的Vartan-Ropsten海水源热泵项目，其装机容量为180兆瓦，共分为6台机组，该机组均为Friotherm公司生产。20世纪80年代初，高涨的油价和便宜的电价使得热泵获得了很大的发展空间。热泵充分利用海水资源，将海水里的热量提取出来，使其从低品位的热能升级成为高品位热能。区别于电锅炉每单位的电力输入只能获得不足一单位的热能，热泵利用一个单位的电能可以生产出3倍以上的热能，节省效益十分明显。热泵机房与海水取水泵相隔不远，紧邻波罗的海的一个海湾。从取水泵站延伸出一条取水管道，延伸至离站100米远，水深15米的海底。为了防止取水导致海水温度降低过大，需要抽取大流量的海水作为热源。在夏季，水泵抽取温暖的海水表层水，到了冬季，则从15米深的海底取水，该水深处海水始终保持在3℃。海水被抽取后输往热泵机房，在那里被喷洒到热泵机组的淋膜式蒸发器上，然后再被回收到海水泵站排入到海里。海水与淋膜式蒸发器接触面积大且速度快，因此这种蒸发器可以处理很小的温差。热泵通过蒸发器吸收了海水的热量，然后通过制冷剂循环，再由压缩机对制冷剂气体进行压缩，使之从低温、低压气体变成高温、高压气体。气体经过巨大的冷凝器后，将热量释放到循环供热水中，变成低温高压的气体。之后，循环供热热水又被输送到千家万户。

在我国有很多不冻的良港、岛屿和半岛，海水源热泵技术起步较晚，但是发展比较迅速。20世纪90年代我国相关大学和研究机构作过"青岛建设海水源热泵可行性方案研究"，进入21世纪，重庆大学、广州科学能源研究所等一大批国内相关单位从事海水源热泵可行性方案研究和推广。我国第一个海水源热泵项目——青岛发电厂（2004年竣工投入运行）是我国成功实施的第一个示范性工程，通过两年运行，由于海水供水温度基本恒定，换热温度也基本上维持在一定范围内，经过整个冬季制热和夏季制冷运行监测，机组运行效果良好，达到设计预期目标，所耗能量仅为电锅炉供热的1/3，燃煤锅炉的1/2，制冷制热系数高出家用空调机的40%，运行费用仅为普通中央空调的50%～60%，该工程的成功应用为海水源热泵在我国大面积推广起到了积极的示范作用。

2005年，海水源热泵中央空调工程在大连星海假日酒店正式启动，该技术产品利用取之不尽的海水作为中央空调能源，为建筑提供夏季制冷和冬季采暖服务。它具有运行费用低，节能节资，环保无污染等优势。为我国沿海地区冬季供热、夏季制冷开辟了新的能源渠道，这标志着我国节能空调进入一个新的领域。海水源热泵中央空调为4万米²的建筑提供制冷采暖，在当时国内尚属第一例。海水源热泵系统是"水源空调"技术中的一种。区别于其他的水源热泵系统，它是采用海水作为冬季的低位热源和夏季的冷源。由于海水温度波动小，常年保持在2～26℃之间，因此空调制冷和供暖效果好，系统运行高效稳定。最值得一提的是，作为冷热源的海水，水量丰富，所蕴含的热能也是无限大的，这些能源的采集和利用，只需要付出少量的电能，就能达到制热和制冷的目的。而且整个过程不会对空气、水源造成任何污染，可以说是一种真正的绿色能源技术，从节能角度讲，是目前最经济节约的采暖制冷方式。

我国沿海省区市面积占全国的13.4%，如果能够广泛应用海水源热泵技术，对于缓解能源紧张、提高能源利用率、推动节能环保等都有着积极意义。目前，大连、青岛、天津、厦门等城市的公共建筑（办公楼、商住楼、商场等）均使用了海水源热泵技术，而且在住宅建筑上也得到了推广和发展，随着技术的进一步发展和成本的降低，相信越来越多的城市将采用该技术，这对于缓解能源紧张、提高能源利用率以及推动节能环保都具有重要意义。

三、深海水直接利用技术

海洋是浩瀚和无穷无尽的，海洋中的海水体积庞大，容量惊人，我们平时所看到的，不过是占海洋总水体量极小一部分的表层水而已，在表层水之下还有更为广阔的中层水和深层水等。相较于表中层水，深层海水更具有开发利用价值。所谓深层海水，通常是指深度超过200米的海水。深层海水占海水总量的93%，是海洋的精华和资源的宝库，开发利用深层海水将使人类受益无穷。

海洋在垂直结构上理化性质是有差别的，因此，深层水与表层水有着迥然不同的理化性质。日本高知县的深层海水与表层海水的水质指标指出深层水有着如下特点：①营养丰富。200米以下的海水中由于几乎没有太阳光射入，水生植物光合作用几乎停止，因而有机物分解的速度远远高于其合成速度。同时，有机物大量分解会产生极为丰富的氮、磷、硅等营养成分。此外，深层海水受海底地形及气象条件的影响，会自然涌升到海面上来。在茫茫大海上，这种被称为"涌升海面"的地方仅占全球海洋面积的0.1%，但却集中了海洋鱼类资源的60%，甚至更多，其奥秘就隐藏在深层海水里：当含有丰富微量元素的深层海水涌升到海面后，因营养物质丰富，促使海表的浮游生物和藻类得以快速生长，为鱼类提供了丰富的饵料。研究表明，涌升海域和一般海域在鱼类产量上的差距极为惊人，单位面积涌升海域的鱼类生产量是沿岸海域的上百倍，是外洋海域的数万倍。如果人类能制造"涌升海面"，使深层海水资源得到充分的利用，很可能给海洋渔业带来一场深刻的革命。②深层海水水温低，一般维持在1~9℃之间，且常年稳定。③清洁少菌。深层海水营养盐浓度是表层海水的5倍，非常洁净，几乎无污染，细菌数仅为表层的1/100～1/10。④易被人体吸收。海洋深层海水亿万年在深海强大的水压作用下，其水分子团明显小于陆地上的水分子团。其分子结合角为165°～180°，远远大于陆地上的水分子结合角，与人体内水分、血液的分子结合角极其近似。因此，该分子团极易被人体吸收。另外，水分子团之中溶有的营养成分（无机盐及矿物质）在长年深层海水压的强大作用下几乎均以活性的游离离子形式存在。因此，人体在吸收这些水分子的同时，也吸收了所含的营养成分（无机盐及矿物质）。正是由于深海水的上述特点，深海水可广泛应用于海水养殖、食品、医疗、化妆品、药物、饮用水以及开辟人工渔场等众多领域（见图4-19）。

作为海水直接利用的新成员，目前，世界上深海水利用方兴未艾，日本、美国是深海水开发利用的大国。美国是世界上最早开展深海水研究的国家，早期的深层海水利用及发展产业主要是海洋温差发电。目前，美国深层海水主要是海藻与深海鱼类养殖及多元化商业开发利用。发展方式是政府投资兴建公共设施，园区集中运营管理，厂商统一进驻园区，承租土地和厂房，并支付深（浅）层海水费用。美国1974年就在夏威夷建成世界上第一个科技园区，建设了可抽取600米深度的深层海水提取设施，吸引了包括高科技水产养殖、海洋生物科技和功能性饮料等相关产业，目前进驻的企业有30余家，其中主要是水产养殖企业，该园每年年产值在3000万～4000万美元。日本也极为重视深层海水利用，从1989年开始，先后在高知县和距冲绳西南约90千米的久米岛建立了两座海洋深层研究所，大力开展相关研究，成为深海水利用的"后起之秀"。目前，日本深海水产品产值高达140亿日元，日取水量高达4.65万米^3，其应用领域主要为海水养殖和加工食品等。由于深层海水长年低温、清洁少菌，可用于养殖名贵冷水鱼类，并大大提高鱼苗、虾苗的成活率。日本高知县、富山县利用深海水养殖鲆鱼、鲍鱼、海豚、鳟鱼和虾苗。深海水水质清洁、富含微量元素，可用于生产品味独特的食品和饮用水等。日本高知县已成功利用深层海水生

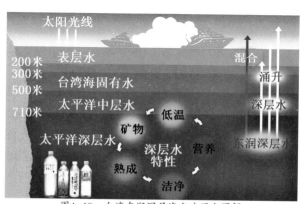

图4-19　台湾东润深层海水应用水图解

产出豆腐、冰激凌、酱油、咸菜、清酒等食品，其中最受青睐的首推"深水清酒"，其特点是口感既醇厚又柔和；日本、韩国推出了由深层海水生产的瓶装饮用水也受到人们的欢迎。在医疗领域，深层海水也有用武之地，它已成为一种奇妙的"绿色药品"。医生们用深层海水治疗先天性过敏性皮炎，只要在患处涂上深层海水，患者的症状就会得到缓解。据统计，使用深层海水进行治疗的患者，约有60%收到了良好的疗效。不过，医生们尚不清楚究竟是深层海水中的什么成分在治疗中发挥了作用。另外，从2000年起，日本水产厅每天抽取数十万立方米深层海水与上层海水混合，用以制造人工渔场，等等。深层海水每时每刻都在进行着蔚为壮观的大循环，这种大循环使海洋充满了活力。生生不息的深层海水给21世纪的人类带来了新的机遇。

我国深海水资源丰富，开发潜力巨大，但与日、美等深海水利用大国相比，我国深海水利用尚未引起足够重视，相关研究和应用比较薄弱。我国仅台湾地区在深层海水利用方面成绩斐然。台湾某公司从花莲海域深662米处抽取海水，经反渗透处理后生产健康饮用水。台湾东润水资源公司利用深海水加工食品、化妆品以及发展海水养殖等。虽然目前深海水利用已涉及海水养殖、保健品、食品等领域，市场前景广阔，但从总体上讲，人们对深海水的研究和认识尚不充分，缺乏机理性的深层次研究。另外，受海底地形、海流等因素的影响，深海水取水技术难度大、成本高也成为制约深海水利用发展的瓶颈。深海水利用技术的发展趋势是对深海水特性作全面、深入的研究，加强高效率技术方面的研究，并拓展应用领域，以开发出品味独特、低成本的深层海水高附加值产品。

虽然深层海水利用在一定程度上取得了发展，但是在这条路上，还有许多不为人知的秘密等待着人类前去探索。

四、深水养殖

联合国粮食和农业组织（FAO）曾表示，全球70%的鱼种已经被充分捕捞。按照目前这一速度，根本无法保证鱼群自身数量的恢复，已经出现过度捕捞或耗竭的状况。水产业和渔业养殖的鱼类目前占了全球鱼类消费的50%，在未来将占到更大的比重。联合国有关组织估计，到2030年，世界对海产品的需求将增加40%。

海水养殖是人类主动、定向利用国土海域资源的重要途径。现代海洋产品供应中，海水养殖产品已经占据将近半壁江山。目前，海水养殖主要是在近浅海区域和路基养殖，养殖已经利用的海区主要在浅海水深20米范围之内。由于现代经济的发展和人们对生活环境提出更高的要求，导致近海海水养殖产生的海洋环境污染、病害频发等问题日渐突出，因此，向深海进军成了未来海水养殖发展的必然趋势。

深水养殖就是利用深水海水资源，进行海产品养殖，这属于对海水资源的直接利用。相比较于传统养殖，深水养殖最大的优势在于其养殖品种的增加。传统网箱养的多是常见的鱼类，经济价值大多不太高，而深水网箱由于水质好等原因，养殖品种可包括经济价值高且市场抢手的石斑鱼、鲳鱼等优质鱼类，不仅所需饲料少且经济效益高。这种机械化的养殖网箱能够更大规模地培育更绿色、更健康的海产品，以满足人类的需求。

深水养殖主要技术为深海网箱技术。国外深水网箱起步相对较早，挪威发展最快且最具有代表性。总结而言，国外网箱技术取得成就主要包括：①网箱容积日趋大型化。这种大型化发展趋势大大降低了单位体积水域养殖成本；②抗风浪能力强。各国研发的深海网箱抗风浪能力普遍达5～10米以上，抗水流能力也均超过1米/秒；③新材料、新技术的广泛应用。在深水网箱结构上采用了高密度聚乙烯（High Density Polyethylene，HDPE）、轻型高强度铝合金和特制不锈钢等新材料，并采取了各种抗腐蚀、抗老化技术和高效无毒的防污损技术；④运用系统工程方法注重环境保护。在网箱的研发和应用中，将网箱及其所处环境作为一个系统进行研究，结合计算机模拟技术进行模拟分析，融入环保理念，尽量减少网箱养殖对环境的污染和影响；⑤大力发展网箱配套装置和技术，成功开发了各类多功能工作船、各种自动监测仪器、自动喂饲系统及其他系列相关配套设备，形成了完整的配套工艺体系。

最新研究成果还包括：①一种新型自推进式水下养殖网箱。该网箱可以在水中实现自由沉浮、移动；②纯氧注入系统。该系统非常适应于极端炎热期，可以避免鱼的大量死亡，具有很高的经济性；③网箱系缆最大张力研究。结论认为海流速度超过1米/秒的地方不适合选作养殖场址，除非有技术设备用来克服严重的网箱体积变形；远海网箱养殖的理想水深范围在30～50米之间。

我国深水网箱养殖的发展还处于初始阶段，虽然我国自行研制的深水网箱的价格比国外同类产品的价格低很多，但网箱的性能，如有效养殖容积、自动化水平等与国外差距较大。目前我国拥有HDPE浮式、HDPE升降式、碟形升式、大型浮绳式四种类型的深水网箱，但是尽管我国适宜养殖的海域广阔然而相对于挪威、爱尔兰等传统养殖国家差距还较大。我国深水网箱养殖的鱼类主要有大黄鱼、美国红鱼、军曹鱼、卵形鲳鲹以及鲷科鱼类和鲆鲽鱼类等。

　　国内技术研究成果方面包括：通过技术引进、消化、吸收和自主创新，成功研制出抗风浪金属网箱，并实现国产化生产；形成了红鳍东方鲀离岸网箱高效养殖生产模式。建立了拥有6条国际先进的PE管材生产线和完备的网箱系统配件产品、网箱制作与安装设备的离岸网箱设施与装备制造基地，生产的HDPE离岸深水网箱产品的抗风浪能力可达10～12级，年生产能力在800台套以上。研制出深水网箱养殖远程多路自动投饵系统，可实现手动、自动、远程三种控制模式，完全满足深水网箱集群养殖的要求。中国水产科学研究院南海水

图4-20　深水网箱示意图

图4-21　可调控网箱的设计图

产研究所瞄准深水网箱养殖产业需求，经过十多年的系统研究和技术攻关，创制出适合我国海况的国产深水抗风浪网箱。网箱抵御台风能力达12级，单箱产鱼量达15～40吨，单箱产值是传统网箱的40倍，成套网箱价格仅为国外同类产品的七分之一。

　　从深水养殖发展层面上来讲，挪威作为深水养殖的领头羊，其深水养殖有着丰富的经验，是全球深水网箱养殖的典范。挪威作为北欧国家，有着众多岛屿和海湾，海岸线长达2万多千米，渔场广阔，资源丰富，年捕捞量300万吨左右，三文鱼养殖产量为77.5万吨（2008年，占全球产量48.4%），养殖及捕捞鱼的90%用于出口世界各地，10%是国内市场消费。渔业管理以渔获配额及执照管理为基础，是渔业立法较早的国家，相关渔业法律制度也较全面。其水

产养殖业始于20世纪50年代，从70年代开始大部分养鱼场都由传统网箱过渡为深水网箱养殖。

美国作为世界头号强国，其深水网箱养殖发展也居于世界前列。美国研制的碟形网箱由钢铁混合材料为主要框架，周长可达80米，容积约300米^3。同时美国研发人员已经研制出了遥控养鱼网箱，用于深海鱼类养殖。该网箱系统可以利用太阳能、波浪能为自身的智能装备提供能量。通过加入浮标、导航系统和GPS系统，该网箱将实现真正的无人值守，使渔民远在岸上就能够监控到网箱内的鱼群的生长状况以及网箱的行驶速度等，真正做到"运筹帷幄"。

至今，世界深水网箱以挪威、美国、日本为代表，在大型深水网箱应用方面已经取得了巨大的成功，引领着全球海洋生态养殖的发展潮流。目前，国外深水网箱正朝着大型化、深水化发展。挪威深水网箱90%以HDPE材料为框架，这种重力全浮网箱周长最大可达120米，网深可达40米，每只网箱可产鱼200吨，可抵抗12级大风、5米的浪高，抗流能力小于1米/秒，该网箱应用范围最广。

我国在20世纪80年代初开展的海水鱼类网箱养殖全是近海养殖。90年代基本上处于起步和技术积累阶段。90年代以后，我国海水鱼箱养殖可以说是突飞猛进。其中福建闽东大黄鱼的网箱养殖最具有代表性，养殖规模以每年翻番的速度增长。其他海域的鱼类网箱养殖也是迅速发展起来。随着近海养殖的发展，近海环境污染、海域使用不规范等问题和矛盾逐步凸显出来，为减轻近海环境压力，海水养殖逐步向深水发展，对海水的利用逐步由浅水向深水进军。深水网箱养殖成为一种极具前景的网箱养殖方式。现阶段，我国深水网箱养殖还处于初级阶段，有待于进一步的发展和探索。

从2004年起，青岛市为缓解近海水域环境污染的压力，开始鼓励发展深海抗风浪网箱养殖，在多年的努力之下，已成为江北最大的深海抗风浪网箱养殖基地。深海抗风浪网箱养殖具有水位深、离岸远，水交换条件好，养殖品种多，污染轻，效益高等优点，被渔民普遍看好。青岛市渔业管理部门经过前期调查研究，在全市选划了田横岛、大管岛、青山湾、大公岛、竹岔水道、灵山岛、斋堂岛等八处附近海域发展深海抗风浪网箱，并制定了《深海抗风浪网箱发展规划》，通过推出一系列优惠措施，鼓励渔民开展深水养殖，推动了深海抗风浪网箱养殖的快速发展，为渔民转产转业找到了一条新路。

在我国南海，西沙和南沙海域珍贵渔业资源逐渐稀缺，不少渔民从捕捞转向养殖。海南省琼海市潭门镇渔民卢传安在西沙永乐群岛晋卿岛附近约200公顷海面上投资建设了100多口深水网箱，养殖龙胆石斑鱼、军曹鱼、龙虾等名贵海产，年产值超过千万元。在西沙搞深海网箱，依靠的是良好的温度和水质条件，能够实现快速、绿色养殖。深水网箱养殖的鱼类，生长期大约缩短三分之一，同时肉质好，

图4-22 视察军曹鱼的养殖状况

无污染，畅销广东、福建等地。根据三沙市制定的深水网箱养殖发展规划，目前海南省已有四家公司先后获批在西沙永乐群岛、南沙美济岛、渚碧岛等岛礁，利用自筹资金开展深水网箱养殖工作。随着多家海南渔业公司的进驻，仅西沙永乐群岛的深水网箱就有望突破千口，产值达数亿元。

从国家战略的需求来看，在近海环境日渐恶化的趋势下，进行深远海海水养殖是未来海水养殖业发展的必然，因此，在深水养殖方面我国还需投入更多的人力、财力和物力，大力开发深水网箱新材料和新技术，扩大发展规模，提升养殖品质，早日跻身世界深水养殖先进行列。

第五节　我国海水直接利用展望

海水直接利用属于开源节流技术，具有量大、面广的特点，可替代沿海地区大量的工业或生活用水，发展前景广阔。海水直接利用技术正朝着应用领域广泛化、规模大型化和环境友好化的方向发展。海水直接利用将主要用于工业冷却（占90%）和城市生活用水，同时也包括海水脱硫、海水灌溉和海水空调等。

海水直接利用技术不断成熟，应用行业日益广泛。在工业用水领域，海水冷却技术已在沿海火电、核电、石化、化工等行业得到普遍应用；海水脱硫由最初的冶炼行业如炼铝厂和炼油厂，逐步扩展到电力行业。在生活用水领域，海水冲厕已在香港大规模应用。随着技术的进步，海水直接利用形式正逐步扩展到深层

海水利用、海水灌溉农业等新兴领域，相关技术研究和应用不断深入。

随着社会可持续发展战略的提出和环境法规的日趋严格，环境友好化成为海水直接利用技术的重要发展趋势之一。海水冷却技术趋向于采用无磷环保型和可生物降解型海水水处理药剂；海水脱硫无二次污染，环保优势明显；而研发环境友好型絮凝剂、消毒剂和高效环保生物处理技术成为大生活用海水技术的发展趋势；海水源热泵属于高效、清洁、可再生的能源利用技术，节能减排意义重大；深水养殖对提高我国优质水产品供应、改善国民食物结构等意义重大。

随着技术的日趋成熟，海水直接利用技术应用规模不断扩大，海水冷却已与百万千瓦级火电机组配套，核电行业单套最大冷却规模每小时数十万立方米；海水烟气脱硫在滨海电厂的应用不断深入，规模也已与百万千瓦机组相配套。我国第一套海水脱硫装置于1997年在深圳西部电厂建成，福建后石电厂和青岛发电厂二期都采用海水脱硫。海水脱硫技术适合我国综合技术水平与运行管理水平的要求，在我国推广应用潜力巨大；香港海水冲厕规模已达74.2万米³/日，并呈现逐年增长的态势。利用海水作为大生活用水（海水冲厕）代替城市生活用淡水，是节约水资源的一项重要措施。据统计，把海水作为大生活用水可节约35%的城市生活用水，具有重要的社会效益和经济效益，应用前景广阔。

可持续发展和绿色建筑是我国应对能源和环境两大危机提出的措施。在我国，能源产量和消耗量增长得很快，在能源物质消耗中，主要是煤炭，相应的，我国二氧化碳的排放量也逐年增加，有报道显示在2020年我国将取代美国成为世界上最大的二氧化碳排放国家。在煤炭资源的利用中，有一半以上的最终利用是热能，其中相当大的比例是低温热能（家庭热水、居住区和商业区的空调加热）。据文献资料介绍，海水是一种很好的热资源，主要应用在大中型热泵系统中。海水空调是利用海水源热泵技术，抽取一定深度的海水用作冬季热源取暖和夏季空调制冷，以此节约能源。现有技术下，海水空调的应用已经不存在问题。一旦安装成功之后，能源供应是取之不尽用之不竭的，可以大大减少对燃料的依赖。另外，海洋热资源是可以更新的，对环境也没有危害。再次使用海水空调可以大量节省淡水资源。对开发商而言，建筑物内没有独立的冷冻机房，可以提供更大的有效建筑面积。我国海岸线漫长，有众多的岛屿和半岛，尤其是黄海、渤海地区有很好的水温条件在开发海水空调方面有很多得天独厚的有利条件，海水空调前景广阔。大连市"十一五"期间海水空调使用面积近800万平方米，该规划实施后，每年节约标准煤5万吨，减少二氧化碳和烟尘排放1万吨余。青岛市蓝色经济区建设规划（2009—2015）将海水综合利用作为培育发展的四大潜力产业之一，继奥帆大剧场、奥帆博物馆、开发区千禧龙花园海水空调投入使用后，海水空调在青岛的前景越来越广阔，作为西部老城区改造的重头戏，小港湾和记黄埔93万米²的商住区也计划使用海水空调给居民供暖。

随着海水综合利用技术的发展，深层海水的开发利用前途十分广阔，主要应用领域为：深层海水培育细微海藻、加工成药品、加工食品、保健品、开发食品添加剂、人工养殖以及海水休闲娱乐等方面。目前，全世界将深层海水产业化经营的国家只有美国和日本，我国台湾地区深层海水产业目前已逐步走向商业生产。我国内地深层海水开发利用还在发展起步阶段，据调查上海等地已将深层海水用于食品添加剂。今后，我国将主要在深层海水用于食品添加剂和利用深层海水能源等方面进行探索，深层海水的利用作为新兴产业将逐步得到开发与利用。总的来看，海水直接利用技术正朝着应用规模大型化方向发展。

我国深水养殖经过多年的发展，通过技术引进、消化吸收和自主创新，成功研制出多种适合深水养殖的网箱。在未来，我国深水养殖发展的趋势如下：①养殖设施系统大型化。规模化生产是深海网箱养殖发展的必由之路，大型化则是规模化生产为提高生产效率对设施装备的必然要求。国外先进的网箱养殖生产系统，网箱设施已达到相当的规模。随着我国深水网箱产业的发展、产业生产规模的不断扩大，大型网箱养殖设施及配套系统将成为产业发展之必需；②养殖地域向外海发展。当海洋的自然生产力不能满足人类增长与发展的需要，海洋生产力必然由"狩猎文明"——海洋捕捞，向"农耕文明"——海洋养殖转移。海洋养殖的主要领域在广阔的外海，网箱养殖是海洋养殖的主要单元，网箱养殖设施系统需要具有向外海发展的能力；③养殖环境生态化。养殖生产对生态环境的负面影响已越来越为社会所关注，普通近海网箱养殖产业的发展已受到制约，近海网箱养殖将朝着兼有渔业资源修复功能的系统工程，并增强设施系统对环境生态的调控功能的方向发展，同时远海深水网箱养殖环境友好的优势随着产业规模的扩大而逐渐显现；④养殖过程低碳化。充分利用20年来的创新技术，采用风能、太阳能、潮流能和波浪能技术，高效利用洁净、绿色、可再生能源，摆脱网箱动力源完全依赖采用石油作为燃料的困境，实现网箱能源供应生态化、清洁化、环保化。

为适应海水直接利用技术环保化的发展趋势，我国应加大环境友好型水处理药剂（防腐剂、阻垢剂、絮凝剂和藻菌抑制剂等）研发力度，开发原创性药剂新品种、新工艺，提高产品质量和性能，形成规模化、产业化，推进环保型药剂产业化体系建设，全面提升我国海水直接利用技术的绿色环保化水平，与我国可持续发展战略以及绿色发展战略相匹配协调。

在今后的国家海水直接利用发展中，我国将切实加强海水直接利用关键装备研发与产业化建设，重点掌握特大型自然通风海水冷却塔设计中的配风、配水、塔型优化、塔芯构件和热力数值模拟计算等关键技术以及大型海水泵、海水换热器、海水脱硫吸收塔等关键装备研发，提高国产化率，大力推进我国海水直接利用关键装备产业化配套生产体系的建设。

在推进海水直接利用产业化发展的进程中，我国应加快科技成果转化率，推进海水直接利用技术在我国沿海地区火电、核电、化工、石化、冶金等高耗水行业的应用。未来着重开展核电行业15万米^3/时以上超大规模海水循环冷却关键技术以及深海水利用、海水灌溉农业等新兴技术研究，全面拓展我国海水直接利用技术的应用领域，提高总体应用规模。

《全国海水利用"十三五"规划》（以下简称《规划》）指出，随着沿海经济社会的快速发展，在沿海形成了一批钢铁、石化等产业园区、示范基地，高耗水行业呈现向沿海集聚的趋势。与此同时，沿海部分地区存在地下水超采和水质性缺水严重等问题，水资源的压力越来越大，急需寻找新的水资源增量。为此，海水直接利用产业发展将为上述问题的解决提供了思路。《规划》明确提出："十三五"期间，我国海水直接利用规模达到1400亿吨/年以上，海水循环冷却规模达到200万吨/时以上。在扩大海水利用应用规模方面，《规划》提出了一系列工程，包括在沿海缺水城市、海岛、产业园区和西部苦咸水地区等重点领域和电力、钢铁、石化等重点行业大力推进海水利用的规模化应用，开展海水利用示范城市、示范海岛、示范园区等的建设，推广可复制的海水利用典型模式。

鉴于此，我国在今后的发展过程中，将愈加重视海水直接利用产业的发展，以海水代替日渐紧缺的淡水资源，是实现我国绿色环保、经济高效和可持续发展的必然选择。

第五章

海水提炼矿产——海水化学资源利用

　　自然资源是指自然界中可被用来为人类提供福利的自然物质和能量的总称。海洋资源是指分布在海洋及海岸带空间范围内的自然资源，是与海水水体有直接关系的物质和能量。按照自然物质属性，海洋资源可以分为海水及海水化学资源、海洋矿产资源、海洋生物资源、海洋能源资源和海洋空间资源五大类。

　　海水及海水化学资源是一类重要的海洋资源，海水化学资源是指海水中以各种化合物的形态存在的可供利用的物质，包括海水中溶解的各种元素，也包括地下卤水中溶解的可以提取的各种有用元素。海水及地下卤水中含有80多种元素，但是海水和地下卤水中的化学元素要形成可以开发利用的资源，必须具备两个条件：一是水中的化学元素要达到一定的含量，即品位高，具备开发利用的价值；二是现在具备或者未来具备能创造开发利用的技术条件。

　　随着地球资源的日益匮乏，从20世纪60年代开始，海洋资源的开发和利用就受到世界各国的重视，"向海洋进军"已经不仅是一个口号，还成为全球大趋势。近年来，随着世界新技术革命的兴起，海洋资源的开发已经列为正在兴起的三大关键产业之一。作为海洋主体的海水，不仅孕育着千千万万个生命，同时也蕴含着富饶多样的化学资源。随着科学技术的飞速发展，对海水化学资源的合理、经济、持续的利用必将呈现出广阔的前景。

第一节　海水制盐

图5-1　反映早期制盐场景的雕塑（寿光古法制盐术）

盐除了是人体新陈代谢必不可少的食品以外，还是"化学工业之母"。发达国家的发展经验表明，经济越发达对盐的需求量也越大。盐产量以海盐为主，目前，从海水中提取食盐的方法主要是"盐田法"。这是一种古老的而至今仍广泛沿用的方法，使用该法需要在气候温和、光照充足的地区选择大片平坦的海边滩涂，构建盐田。盐田一般分成两部分：蒸发池和结晶池。先将海水引入蒸发池，经日晒蒸发水分到一定程度时，再倒入结晶池，继续日晒，海水就会成为食盐的饱和溶液，再晒就会逐渐析出食盐来。这时得到的晶体就是我们常见的粗盐。剩余的液体称为母液，可从中提取多种化工原料。

海盐生产早期主要采用海水煎法，它以沙土铺于海滨滩地，引入海水，经日晒蒸发，残留盐分，用水淋滤而得到盐卤，将盐卤煎熬成盐。由于海水煎盐过程需要消耗很多燃料，因而逐渐被日晒盐取代。日晒法就是把海水引入盐田，利用日光和风力蒸发浓缩海水，使其达到饱和，进一步使食盐结晶出来。这种方法在化学上称为蒸发结晶。日晒法制盐的主要步骤是纳潮、制卤和结晶，盐场相应的主要设施是蓄水池、蒸发池和结晶池。早期日晒盐主要是用手工操作。随着产业革命的展开，海盐生产逐步向机械化过渡。最具代表性的是美国莱斯里盐场，从1868年以后开始大规模机械化生产。1954年新建的墨西哥黑勇士盐场和1967年新建的澳大利亚丹皮尔盐场，充分利用当地气候干燥的有利条件，利用盐层做结晶池板，采用大型收盐机组和先进的洗盐设备，严格控制盐田卤水中各种生物的生态平衡。20世纪70年代黑勇士盐场和丹皮尔盐场的产能分别达到650万吨和340万吨，产盐氯化钠纯度在97%以上，水不溶性杂质在0.02%以下，使海盐生产技术提高到一个新的水平。随着经济发展和技术进步，盐场逐步向大型化发展，力求滩田结构合理化、制盐工艺科学化、生产工

图5-2　现代工业化制盐

具机械化，实现了扬水、制卤、结晶三集中，使海盐生产全过程实现自动化配套、长期结晶和机械化收盐的新工艺。

海水晒盐的盐田产量由许多因素决定，其中最受关注的是卤水渗漏和盐田生物。卤水渗漏是一种自然流失现象，严重制约着盐田的生产和经济效益。盐田防渗方法和材料的改进与开发是该领域的研究重点之一。综合考虑经济成本、防渗效果、施工操作等因素，化学防渗方法是最好的防渗方法，因此在国外使用范围最为广泛。盐田生物方面也是海盐生产重点关注的领域，盐田生物与海盐生产过程有机地结合为一个整体，相互依存、相互影响。一个平衡的生态系统有利于海盐产品质量的提高，相反不平衡的生态系统将严重影响海盐的产品质量。当前世界各国对盐田生物的研究主要侧重于卤水生物技术的应用，例如建立卤虫繁殖场等。

在全世界的100多个产盐国中，多数国家都利用海水资源生产盐。公元前7世纪，马蒂乌斯在俄斯蒂亚（Ostia）附近建立了第一个盐场。公元前3世纪，葡萄牙在塞太布尔（Setubal）建立了有名的海盐场。希腊、埃及、印度生产海盐的历史也很悠久。古人制盐生产方法也各异，有的用含盐植物烧成灰，掺入海水，煎制成卤，用澄清后的浓卤煎盐；有的刮泥、淋卤、煎盐；有的将海水放入盐池，晒干成盐。经过几个世纪的实践，逐步形成分段蒸发、结晶的盐田体系，操作仍用手工。随着产业革命的展开，海盐生产逐步向机械化过渡。1868年以后，美国加利福尼亚州旧金山湾沿岸进行大规模晒制海盐。进入20世纪后，逐步向集中扬水、集中制卤、集中结晶、产品集中堆垛和全面机械化发展。

盐田法虽然制盐简单，但其占据了大片的沿海土地。随着世界经济的发展，沿海地区将成为人口密集和经济发达地区，经济发展用地矛盾将越来越突出，而且从单位土地面积经济产值来分析，盐场晒盐用地每平方米产值是制造业中的最低值，因此，利用新的资源或技术减少占地，发展其他高产值、高附加值工业在所难免。为节约占地而又要保持或者增加盐的产量，各国开始寻求新的方法进行盐的生产。电渗析法是随着海水淡化工业发展而产生的一种制盐方法。日本是最早开始电渗析海水制盐的国家。电渗析法制盐具有以下优点：①不受自然条件限制，一年四季均可生产；②基建投资少，占地面积小；③节省人力，常备人员较盐田法减少90%以上；④卤水纯度和浓度比盐田法有所提高。

随着全球海水淡化应用规模的不断扩大，海水淡化过程产生浓海水量也逐步增大，浓海水含盐浓度是海水的1.5倍以上，其温度及纯净度均高于海水，使用浓海水制盐，不仅可以降低海水淡化的综合成本，还可以进行海水化学资源的综合利用，较之海水直接晒盐的方案更为经济合理。科威特等海湾国家正在计划利用海水淡化后的浓海水进行制盐。以年产海盐100万吨的盐场为例，若使用日产16万吨浓海水（含盐量比海水高一倍）的海水淡化装置产生的浓盐水进行制盐，在仍旧采取目前常用的日晒法且保持盐产量不变的情况下可减少制盐占地约70千米^2，价值30多亿元，这为经济发展提供了巨大的空间，其社会效益和经济效益巨大。此外，葡萄牙可再生能源署下属的国家工程技术和创新研究所研究设计了一套太阳能干燥器用来提取多级闪蒸淡化浓海水中的盐。

在亚洲，从海水中制盐的国家主要有中国、印度、日本、菲律宾和泰国。在欧洲，位于地中海沿岸的西班牙、法国、意大利、希腊等都盛产海盐。在拉丁美洲，海盐主要生产国有墨西哥、巴西、阿根廷、哥伦比亚等。其中，墨西哥的黑勇士盐场是世界上最大的海水盐场，年生产能力可达650万吨。在大洋洲，主要海盐生产国有澳大利亚和新西兰。其中，澳大利亚丹皮尔盐场是世界第二大海盐场，它的年产盐达400万吨。在非洲，生产海盐的国家多达10多个，主要有埃及、突尼斯和埃塞俄比亚等。

我国制盐的历史至少可以追溯到5000年前，这几乎与史籍上的华夏文明史同步。古时的人并不将天然盐看作是盐，而是称之为卤。古代人工最早采制的盐，可能是海盐。古籍记载，炎帝（一说神农氏）时的宿沙氏开创用海水煮盐，史称"宿沙作煮盐"。宿沙氏其人，只是一个传说中的人物，实际上用海水煮盐，应当是生活在海边的古代先民经过长期摸索和实践创造出来的。

我国海盐以海水和地下卤水为原料，经滩田日晒制得。经济发展和工业盐需求的日益增加，推动了海盐业的技术进步。近年来，我国海水制盐经过技术改造，推出了具有中国特色的塑苫技术。它是用塑料薄膜覆盖在结晶池卤水液上，降雨时将雨水隔离在薄膜之上，并随时排出池外，雨后收起薄膜，恢复生产，从而保护盐层和卤水，减少降雨损失，对稳定和增产起到明显的效果。

塑苫技术的使用明显提高我国海盐单位面积产量和劳动生产率，部分企业在海盐采集、运输、堆垛等生产技术方面已接近发达国家水平。

我国沿海各省都产海盐，1978年产量达1540万吨，居世界首位。为了提高单位蒸发面积的蒸发效率，有的盐场采用了枝条型或垂网型立体蒸发工艺。在盐田生物领域，我国从20世纪80年代开始盐田生物技术的研究和生物产品的开发，经过20多年的努力，主要取得了以下成果：①开展盐田生物调查，掌握了盐田生物种类状况；②总结推广生物技术防渗、卤虫增殖等盐田生物技术，提高盐的产品质量；③盐田生态系统调控措施，保持生态系统平衡；④开发盐田生物资源，提高盐田整体经济效益。上述成果的应用大大提高了我国海盐生产的产量和质量，取得了很好的经济效益。

随着我国海水淡化行业迅速发展，副产的浓海水为海水制盐提供了优质原料。用浓海水晒盐，将增加资源供给，降低占地，分摊海水淡化成本，缓解浓海水排放可能造成的环境压力，具有较好的经济效益和社会效益。在应用研究方面，我国已分别开展利用膜法淡化和热法淡化后浓海水进行模拟滩田日晒制盐实验，制得的原盐与海水制盐质量相当，可以保证淡化浓海水日晒制盐的质量符合工业盐国标要求，实现海水资源的综合利用。

目前，我国盐田面积从20世纪50年代初的约1000千米^{2}增加到2014年的3500千米^2，主要分布在辽东湾、渤海湾、莱州湾、海州湾、雷州湾、北部湾等海湾区域。传统主要海盐产区有4个，分别是天津长芦盐区、辽宁辽东湾盐区、山东莱州湾盐区和江苏淮盐产区。山东省是我国最主要的海盐产区，海盐产量占全国海盐产量的75%以上。随着社会经济的发展对原盐的需求逐渐增长，我国盐田面积和盐田产量不断增加，原盐产量居世界第二位，海盐产量居世界第一位。从产区来看，我国海盐生产的主产区在北方。

2010年以来我国相关企业如天津北疆发电厂（简称北疆电厂）、山东鲁北集团和山东海化集团等运用循环经济理念将海水净化与煤电、海水淡化、盐业、城市供水有机结合起来，使海水利用实现废物"零排放"和有效利用，实现了海水资源的综合有效利用，取得了较好的经济效益和社会效益。以北疆电厂为例，它是国家首批循环经济试点项目，是集发电、海水淡化、浓海水制盐一体化运营模式建设的高效大型火力发电厂。其采用"发电—浓海水制盐—土地节约整理—废物资源化再利用模式"，实现"五位一体"的良性循环。目前，北疆电厂已建成一期10万吨/日低温多效海水淡化装置，年产淡水6570万吨。同时，通过将淡化后的浓海水引入天津汉沽盐场晒盐，可提高盐场制盐效率，盐场年产量可提高50万吨且制盐母液可进入盐化工生产流程，生产溴素、氯化钾、氯化镁、硫酸镁等市场紧缺的化工产品。同时，采用浓海水制盐，可以置换出约22千米²的盐田用地，通过收拾平整开发，可为滨海新区开发提供宝贵的土地资源。

第二节　海水提溴

图5-3　溴

　　溴的发现，曾有一段有趣的历史：1826年，法国的一位青年波拉德，他在很起劲地研究海藻。当时人们已经知道海藻中含有很多碘。他把海藻烧成灰，用热水浸取，再往里通进氯气，这时就可以得到黑色的固体——碘的晶体。然而，奇怪的是，在提取后的母液底部，总沉着一层深褐色的液体，这液体具有刺鼻的臭味。这件事引起了波拉德的注意，他立即着手详细地研究，最后终于证明，这深褐色的液体，是一种人们还未发现的新元素。波拉德把它命名为"溘"，按照希腊文的原意，就是"盐水"的意思。波拉德把自己的发现通知了巴黎科学院，科学院将这种新元素改称为"溴"，按照希腊文的原意，就是"臭"的意思。

　　波拉德关于发现溴的论文——《海藻中的新元素》发表后，德国著名的化学家李比希非常仔细、几乎是逐字逐句进行推敲地读完了它。读完后，李比希感到深为后悔，因为他在几年前也做过和波拉德相似的实验，看到过这一奇怪的现象，所不同的是，李比希没有深入地钻研下去。当时，他只是凭空地断定，这深褐色的液体只不过是氯化碘（ICl）——通氯气时，氯和碘形成的化合物。因此，他只是往瓶子上贴了一张"氯化碘"的标签就完了，从而与发现溴元素失之交臂。在这件事情之后，李比希在科学研究工作中变得踏实多了，在化学上作出了许多的贡献。他把那张"氯化碘"的标签小心地从瓶子上取下来，挂在床头，作为教训，并常把它拿给朋友们看，希望朋友们也能从中吸取教训。后来，李比希在自传中谈到这件事时，这样写道："从那以后，除非有非常可靠的实验作根据，我再也不凭空地自造理论了。"

　　在所有非金属元素中，溴是唯一在常温下处于液态的元素。正因为这样，其他非金属元素的中文名称部首都是"气"（气态）或"石"（固态）旁的，如氧、碘，而只有溴是三点水旁的——液态。溴是深褐色的液体，比水重两倍多。溴的熔点为-7.3℃，沸点为58.78℃。溴能溶于水，即所谓的"溴水"。溴更易溶解于一些有机溶剂，如三氯甲烷（即氯仿）、四氯化碳等。

溴是化学合成工业的重要原料，含溴化合物广泛应用于医药、染料、农药、感光材料、制冷剂、阻燃剂、防爆剂、钻井等领域。

溴的最重要的化合物，要算是溴化银了。溴化银具有一个奇妙的特性——对光很敏感，受光照后便会分解。人们把溴化银和阿拉伯树胶制成乳剂涂在胶片上，制成"溴胶干片"。我们平常所用的照相胶卷、照相底片、印相纸，几乎都涂有一层溴化银。现在，照相消耗着大量的溴化银。1962年全世界溴的化合物的产量已近十万吨，其中有将近九万吨被用于摄影。由于人们在溴化银中加入一些增敏剂，胶片的质量也不断得到了提高。不久前，人们已经能把曝光时间缩短到十万分之一秒以至百万分之一秒拍下正在飞行中的子弹、火箭；人们也能在菜油灯或者火柴那样微弱的光线下，拍出清晰的照片。

生物学家们发现，人的神经系统对溴的化合物很敏感。在人体中注射或吸收少量溴的化合物后，神经便会逐渐被麻痹。这样，溴的化合物——溴化钾、溴化钠和溴化铵，在医学上便被用作镇静剂。通常，都是把这三种化合物混合在一起使用，配成的水溶液就是我们常听到的"三溴合剂"，压成片的便是常见的"三溴片"，是现在最重要的镇静剂之一。不过，溴化物主要从肾脏排泄出去，排泄比较慢，长期服用不太合适，容易造成中毒。

近年来，我国用溴和钨的化合物——溴化钨制造新光源。溴钨灯非常明亮而体积小，已开始用于我国电影摄影、舞台照明等方面。在高温时，碘钨灯中碘的蒸气是红色的，会吸收一部分光，影响发光效率，而溴蒸气在高温时是无色的，因此，溴已逐渐代替碘来制造卤化钨新光源。

在有机化学上，溴也很重要，像溴苯、溴仿、溴萘、溴乙烷都是常用的试剂。另外，在制造著名的汽油防震剂——四乙基铅时，也离不了溴，因为要合成四乙基铅，首先要制得中间产品——二溴乙烯。

近几十年来，由于溴大量用于制备抗震添加剂和高效灭火剂，其需求量日益增加。溴在大自然中并不多，在地壳中的含量只有十万分之一左右，而且没有形成集中的矿层。溴在海洋水体中的总藏量达95万亿，约占地球上总贮溴量的99%，因此，溴元素又被称为"海洋元素"。目前，陆地上的溴资源90%以上集中在美国、以色列、俄罗斯等国家，我国溴素年产量约6万吨，约占世

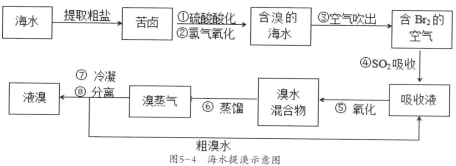
图5-4 海水提溴示意图

界总产量的十分之一，产量居世界第三位。其中80%来源于山东省的地下卤水溴资源（含溴为210克/米³），但由于工艺技术等问题致使溴资源利用率只有65%左右，导致了资源的大量浪费，同时也缩短了资源寿命，导致地下卤水含溴量迅速下降，造成资源和生态的双重破坏，可以毫不危言耸听地说我国溴资源正面临着严峻危机。

　　海水中大约含有十万分之六的溴，含量并不高，自然，人们并不是从海水中直接提取溴，而是在晒盐场的盐卤或者制碱工业的废液中提取：往里通进氯气，用氯气把溴化物氧化，产生游离态的溴，再加入苯胺，使溴成三溴苯胺沉淀出来。作为重要的化学资源，海水中的溴浓度可达每升67毫克，海水中富集的溴高达百万吨，因此，海水提溴也就顺理成章地引起各国的关注，逐步发展起来。溴是第一个直接从海水中发现并分离提取成功的元素。随着世界经济的发展，溴产品在各个行业和领域中发挥着更加重要的作用，对于海水中溴资源的开发和利用具有重要的现实意义。美国、英国、日本、法国等已实现海水提溴。由于陆上含溴量匮乏，因此，现今世界上60%的溴产量来自于海水提取。海水提溴的主要方法有空气吹出法、吸附法、溶剂萃取法、气态膜法以及水蒸气蒸馏法等。

　　空气吹出法是海水提溴的最主要方法，也是目前规模化生产较为成熟的方法之一。早在1815—1826年，法国的巴拉德和德国的凯尔勒维格就先后提出空气吹出法。1907年德国人库比尔斯基对该法进行了改进，可从低浓度含溴卤水或海盐生产过程中的卤水中提溴。其基本原理是溴离子被氯气氧化为游离溴后，根据溴的气、液相浓度之间的气液平衡关系被空气从卤水中吹出，再以吸收剂吸收。吸收后再通入氯气氧化或加酸酸化使溴游离出来，最后在水蒸气的汽提作用下脱离液相经过冷凝得到溴素。空气吹出法其工艺流程一般包括酸化、氧化、吹出、吸收和蒸馏五个过程。空气吹出法按照吸收剂的不同可以分为碱式法和酸式法。在吸附剂研究和使用方面，早期的海水提溴工厂曾采用铁屑、氨水和氢氧化钠的水溶液作为吸收剂。1934年前后，主要用碳酸钠溶液吸收，这种碱性吸收系统至今仍有不少厂家沿用，到20世纪90年代初全球用此法生产的溴素占90%。其优点在于对原料含溴量适应性较强，易于自动化控制，但由于碱式法存在耗电量和酸碱消耗量大的问题，因此逐渐被用二氧化硫作为吸收剂的酸式法所代替。经过改进的二氧化硫吸收系统即酸式法，与碱式法比较，有比较多的优点，现在已逐步成为工业的主流。

水蒸气蒸馏法主要以苦卤为原料，其主要工艺原理是将酸化卤水预热后通入填料塔，后被逆流而来的氯气氧化，料液中溴离子被氧化为游离溴，再利用溴与水的挥发度不同，在一定压力和温度的水蒸气作用下将游离溴由液相带出，送至冷凝器，溴蒸气冷凝为溴素。水蒸气蒸馏法较适于以含溴较高的卤水为原料的提溴，一般要求卤水溴含量不低于3克/升；另外，水蒸气蒸馏过程中，液体的温度相对较高，伴随的副反应也较多，影响其氧化率和吹出率。

溴素是初级原料，国外产溴素的每个大公司对溴素的深加工率已达到了70%～90%，美国Great Lake公司销售额高达6亿美元、以色列Dead Sea Bromine公司销售额达4亿美元。作为世界第二大经济体，溴产品在我国也有着广阔的应用空间。为满足21世纪国民经济发展中对溴素3%～5%增长率的需求，面对地下卤水溴资源日益匮乏的形势，我国需要开发利用具有战略意义的新的含溴资源——海水或浓海水（含溴为130克/米³）、开发具有自主知识产权的多种海水提溴新技术（如国家"十五"重点科技攻关计划课题"气态膜法海水卤水提溴新技术的研究"等），以彻底解决我国溴行业可持续发展面临的溴资源短缺问题。我国溴产业近10年来发展较快，但高精尖溴衍生物品种的开发较慢，其中主要原因之一是由于溴素作为单一溴化剂桎梏了有机溴化物的开发，应着力开发具有独特性能的新型溴化剂（如氯化溴等）以促进国内含溴衍生物走出长期进展缓慢的局面，形成多品种、高质量、高附加值的大产业。

目前我国溴产量的90%以上是用空气吹出法，10%是用水蒸气蒸馏法。所用原料是地上卤水和盐田浓海水或卤水。今后必须大力发展海水提溴的高新技术，大力发展含溴精细化学品和有拉动作用的溴化物合成技术。目前，以河北工业大学作为技术依托单位，由唐山曹妃甸新岛化工有限公司实施，正在曹妃甸工业区建设1000吨/年溴素示范工程，原料即为沸石离子筛法提钾后贫钾浓海水。该项目的实施将重点解决提溴后浓海水的环境友好化处置问题，为大规模浓海水提溴工程建设提供依据。

第三节 海水提钾

1807年，英国化学家戴维在电解水研究的基础上，设想用电解的方法从氢氧化钾、氢氧化钠中分离出钾和钠。最初，戴维用氢氧化钾饱和溶液进行电解。当他接通电源后，从阳极得到的是氧气，从阴极得到的是氢气，证明水被电解了，而氢氧化钾却没有被分解，于是他想在无水的条件下继续这项试验。可是干燥的氢氧化钾并不导电，必须在其表面吸附少量水分时才能导电。戴维将表面湿润的氢氧化钾放在铂制器皿里，并用导线将铂制器皿以及插在氢氧化钾里的电极相连，整套装置都暴露在空气中。通电以后，氢氧化钾开始熔化。戴维发现在阴极附近有带金属光泽的酷似水银的颗粒生成。这些颗粒一经生成便上浮，一旦接触空气，就立即燃烧起来，产生明亮的火焰，甚至发生爆炸。颗粒燃烧后光泽消失，成了白色的粉末。后来，戴维在密

图5-5 英国化学家戴维

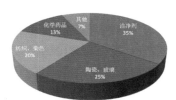

图5-6 钾的工业用途领域

闭的坩埚中电解潮湿的氢氧化钾，终于得到了一种银白色的金属。戴维将这种银白色的金属的颗粒投入水中，看到它在水面上急速转动，发出嘶嘶的声音，并燃烧发出紫色的火焰。他确认自己发现了一种新的元素。由于这种元素是从碱中分解出来的，所以戴维将它命名为"Potassium"，中文译名为"钾"。

钾盐是金属钾在自然界中以矿物存在的形式，主要成分为KCl，常含溴、铷和铯等轴晶系，为无色透明或乳白色，玻璃光泽，易溶于水，味咸而苦涩。钾盐矿床是蒸发岩矿床的一种，它经常和其他盐类矿床共生在一起，如石膏、芒硝、石盐等。按可溶性可分为可溶性钾盐矿物和不可溶性含钾的铝硅酸盐矿物。其中，可溶性钾盐是自然界可溶性的含钾盐类矿物堆积构成的可被利用的矿产资源，它包括含钾水体经过蒸发浓缩、沉积形成的可溶性固体钾盐矿床（如钾石盐、光卤石、杂卤石等）和含钾卤水。铝硅酸类岩石是不可溶性的含

钾岩石或富钾岩石（如明矾石、霞石、钾长石及富钾页岩、砂岩、富钾泥灰岩等）。目前，世界范围内开发利用的主要对象是可溶性钾盐资源。

可溶性钾盐矿床按矿石化学组成划分可分为：①氯化物型矿床，察尔汗盐湖钾镁盐矿床和勐野井钾盐矿床均属此类型；②硫酸盐型，大浪滩钾盐矿床属此类型；③混合型矿床，既有氯化物又有硫酸盐的矿床；④硝酸盐型，新疆鄯善地区的钾硝石矿属此类型。

世界上95%的钾盐产品用作肥料。钾为植物生物的三大必需元素之一。据统计，世界钾肥的总消费量为6000万吨/年，平均氮磷钾肥的施用比例为1：0.42：0.30。但陆地钾矿分布不均匀，全球陆地可溶性钾矿共89亿吨储量，全球可溶性钾矿的储存和生产90%以上集中在加拿大、俄罗斯、德国、美国等国家，而世界上绝大多数国家的钾矿是贫乏的，主要依赖进口。世界上5%的钾盐产品用于工业。在化学工业中约有30多种产品由钾组成，主要有氯化钾、氢氧化钾、硫酸钾、碳酸钾、氰化钾、高锰酸钾、溴化钾、碘化钾等。钾的氯酸盐、过磷酸盐和硝酸盐是制造火柴、焰火、炸药和火箭的重要原料。钾的化合物还用于印刷、电池、电子管、照相等工业部门，此外也用于航空汽油及钢铁、铝合金的热处理。

世界钾盐资源丰富，资源保证程度高。美国地质调查局数据显示，截至2012年，世界钾盐资源（K_2O）储量为95亿吨，储量基础为180亿吨。按目前的生产水平，现有探明储量可供世界开采300年以上。但世界钾盐的分布很不均衡，绝大部分在北半球，目前已发现的33个世界级钾盐盆地和著名大型矿床都在北纬40度至60度。按储量，加拿大排第一，占世界的46.3%；俄罗斯排第二，占34.7%；白俄罗斯排第三，占7.9%。

我国是一个钾矿资源贫乏的国家，通过50年的努力，已探明钾储量仅占世界总储量的1.47%，只有青海等盐湖的液体钾矿可供开发。2000年我国钾产量不足100万吨，经过"十一五""十二五"的大力发展，我国钾肥产量经历了跨越式的发展，现阶段已达500万吨以上。根据《中国钾肥工业"十三五"发展规划》，到2020年，我国钾肥行业总体产能750万吨，产量达到650万吨，年均增长率3%左右。但是，目前我国的农业钾肥总需求量在千万吨左右，因此我国钾肥现阶段还需要依赖进口，据海关统计，近年来我国钾肥进口量都在500万吨以上。因此，多方寻求钾肥资源，是当务之急。从长远考虑，为从根本上解决我国钾盐的短缺、增加自给份额的问题，我国可着眼于从海水和卤水中提取钾肥。

据估计，溶存于海水中的钾，大约为600万亿吨，因而可以说海洋是个取之不尽、用之不竭的钾素源泉。虽然海水含钾的浓度很低，每千克海水仅含380毫克左右，但是，许多钾矿缺乏的国家，仍不断致力于海水提钾的研究。早期比较著名的海水提钾方法是二苦酰胺沉淀法。此法曾用于中间规模试产，但有一定缺点。1960年以来，各国多重视吸着法的研究，试用过天然及人工氟石、海绿石、蛭石、蒙脱石、磷酸氢镁、磷酸氢锆、磷酸氢钛和有机高分子吸着剂等。

经过多年的试验，形成的海水提钾方法主要包括化学沉淀法、溶剂萃取法和离子交换法等。

化学沉淀法是把沉淀剂加入海水（或卤水）中，将钾盐从海水中沉淀出来。该方法的关键在于要根据钾盐的溶解度不同，选择适宜的沉淀剂，以提高钾盐的回收率。化学沉淀法由于沉淀剂昂贵又不能完全再生回收，而且大部分沉淀剂为易燃、易爆、有毒化学品，因此难以进入大规模工业化生产阶段。

溶剂萃取法就是利用有机溶剂从海水中提取钾盐（见图5-7）。该法主要包含两种方法：一种方法是液膜萃取法，它是利用钾在萃取剂相与海水相分配系数的不同，以达到增浓和分离的效果；另一种方法是利用钾盐在某些极性溶剂中选择性沉淀的特性，进行钾的分离提取。溶剂萃取法提钾技术现在的研究还较少，而且由于其成本过高，也未实现产业化。

离子交换法是利用离子交换树脂在不同条件下对海水中的钾离子与其他阳离子的交换吸附性能不同的特性，采用离子交换树脂吸附海水中的钾并进行洗脱，进而得到钾盐。根据离子交换树脂的性质不同，离子交换法又可以分为：天然沸石法、有机离子交换法、无机离子交换法和离子筛法。其中，天然沸石法海水提钾技术被认为是最有发展前景的方法。天然沸石主要是由硅铝酸盐组成，由于其结构上具有一定孔径的通道，形成了独特的吸附及离子交换特性。1960—1964年，美国地质学家Ames研究了斜发沸石离子交换特性，探索了斜发沸石对含钾的盐溶液的交换选

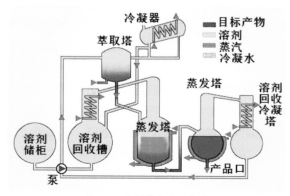

图5-7 溶剂萃取法示意图

择性，并进行了用氯化铵溶液洗提试验。1970年美国的Thomas在其专利中提出了用海绿石吸附海水中的钾，其交换量为11毫克/克。1971年东德的Knoll以合成的丝光沸石回收溶液中放射性钾离子，然后以氯化钠或者醋酸钠溶液洗脱，但其洗出液里含钾量比原海水还低一半，因此没有工业开发价值。1994年俄罗斯专利提出了一种用天然斜发沸石富集海水中钾的方法。海水首先与钠型斜发沸石接触处理，得到载钾沸石和贫钾海水。然后将一定量的贫钾海水加热至90℃后，洗脱载钾沸石，得到富钾海水。最后，将冷却后的富钾海水再与钠型斜发沸石接触处理，得富钾沸石。由于此法需要加热大量的海水，能耗较高，故未见进一步开发的报道。

我国的海水提钾，除了少量的萃取法、离子交换法等研究外，主要集中在天然沸石法海水提钾方面。在国家和地方有关部门的支持下，通过科研单位、企业及几代技术人员历经数十年的不懈努力，我国天然沸石法海水提钾取得重要进展。20世纪70年代，我国第一个天然沸石矿在浙江缙云被发现，自此之后，我国科技工作者开始了天然沸石法海水提钾的研究。沸石法海水提取氯化钾工艺的基本原理是以天然斜发沸石为离子交换剂，以氯化钠为洗脱剂，通过海水中钾离子与沸石上的钠离子交换，实现海水钾的富集，制得富钾盐水。富钾盐水经蒸发析盐、冷却结晶、洗涤分离及干燥等工序制取氯化钾并联产精制盐。1975—1983年，该工艺经百吨级扩试和千吨级中试考察证明，在技术上是可行的，并制得了批量合格的氯化钾产品。但由于存在盐耗高、能耗高及沸石有效交换量低等问题，导致氯化钾生产成本高于市场价格，故无法进一步工业化。

由于成本问题，导致海水制钾一直无法实现工业化。为了降低成本、优化工艺，在科技部的支持下，我国在"六五"到"九五"期间开展了海水、苦卤等多种海水提钾工艺。国家海洋局天津海水淡化与综合利用研究所提出"海水卤水提取硫酸钾工艺"，与海水提取氯化钾相比取得了如下进步：①用廉价的盐田饱和卤水代替盐水作为洗脱剂，降低了原料成本；②将产品由氯化钾转变为价格较高的硫酸钾，提高了工艺整体效益；③对国内天然斜发沸石矿进行了筛选研究，优选出钾交换容量更高的沸石；④完成了沸石离子交换理论研究。此工艺完成了小试和钾富集工艺百吨级中试研究。从初步的经济分析来看，此工艺虽较海水提取氯化钾有明显的改善，但硫酸钾成本的市场竞争力不足，尚需进一步改进。

进入"九五"期间，我国又研制成功了"海水提取硫酸钾高效节能工艺"。该工艺以海水、苦卤或饱和卤为原料，通过沸石法离子交换工序富集钾，制得富钾卤水；富钾卤水通过强制蒸发（或滩晒）得到精制盐（或原盐）和富钾

图5-8 我国1万吨/年海水制取氯化钾试验厂

苦卤；富钾苦卤通过蒸发、冷却、分离、转化等工序制得产品硫酸钾和副产品工业盐及浓厚卤。目前该工艺百吨级中间试验在天津市重大科技攻关项目的支持下，在天津市长芦海晶集团有限公司已圆满完成。

　　"十五"期间，在前述技术的积累之上，河北工业大学等单位在国家重点攻关项目的支持下，突破了海水钾高倍率（大于100倍）富集和硝酸钾高选择性分离等关键技术问题，研制成功具有自主产权的"沸石离子筛法海水提取钾肥高效节能技术"，并成功完成了200吨/年的中试试验。该技术以海水和硝酸铵为原料，通过离子交换制得富钾液，富钾液通过极性溶剂析晶制得产品硝酸钾和副产品氮，贫钾液和析晶剂可以循环使用。该工艺与现有国内硝酸钾生产方法相比具有原料来源广泛（无须氯化钾原料）、工艺简单、低成本、无污染等优势。发展至今日，该法早已完成了万吨级工业性试验，在国际上率先实现了海水提钾过经济关，并投入产业化，其先后获2010年度河北省技术发明一等奖和2011年中国国际工业博览会创新奖。据技术负责人袁俊生教授介绍：采用该技术既可在沿海地区直接建厂，也可与大规模海水淡化工程配套实施，或与海水制盐及纯碱工业结合。预计到2020年，海水提钾产业化规模将达到100万吨以上，不但为大力开发海洋资源、发展海洋经济提供了新的增长点，更重要的是为弥补我国陆地钾肥资源严重不足，保障国家粮食安全，开辟了一条有效途径。

　　此外，为了进一步提升海水提钾的技术水平，我国在钾高效交换剂的制备和新型提钾功能分离材料方面也进行了有益探索，并取得了长足的进步。若以浓海水为原料，因其钾离子浓度约为海水的2倍，钾离子筛吸附相同量钾素所需处理的原料体积减小一半，从而减少能耗，降低成本。因此，沸石钾离子筛法浓海水提钾技术具有更好的发展前景。目前，配套唐山曹妃甸阿科凌海水

淡化有限公司50万米³/日膜法海水淡化工程，正在曹妃甸工业区建设50万米³/日浓海水提钾及综合利用示范工程。

沸石离子筛法海水提钾技术的开发成功为国内农业急需的钾肥来源开辟了一条新的途径，因此受到政府和企业的广泛重视。在国务院发布的《国家中长期科学和技术发展规划纲要》中把"海水资源高效开发利用"列为重点领域的优先主题；国家发改委发布的《海水利用专项规划》（发改环资[2005]1561号）将海洋钾肥的开发列为重点任务之一。当下，河北、山东、天津和辽宁等地已经建立了海水提钾工程，按照当下的技术和工程建设规模，预计到2020年我国海水提钾可达百万吨级。这不但为大力开发海洋资源、发展海洋经济提供了新的增长点，也将为支援"三农"、保障国家的粮食安全作出重大贡献。

第四节　海水提取镁及镁系物技术

英国化学家戴维于1808年用钾还原氧化镁制得金属镁。它是一种银白色的轻质碱土金属，化学性质活泼，能与酸反应生成氢气，具有一定的延展性和热消散性。镁元素在自然界广泛分布，是人体的必需元素之一。镁是在自然界中分布最广的十个元素之一，是在地球的地壳中第八丰富的元素，约占2%的质量，亦是宇宙中第九，但由于它不易从化合物中还原成单质状态，所以迟迟未被发现。

镁及镁系物作为一种新型的应用材料，被广泛应用于石化、冶金、环保、建材等领域。金属镁是制造铝镁合金的重要材料。铝镁合金既轻又硬，

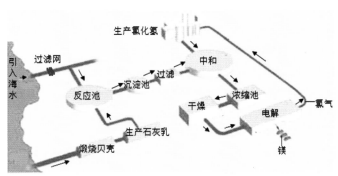

图5-9　从海水中提取镁的流程示意图

是制造飞机、火箭、快艇、车辆的重要材料。信号弹、照明弹、燃料弹、烟火礼花弹、闪光灯都要用金属镁。各国钢铁工业的迅速发展，不仅对镁砂（氧化镁）的数量要求日益增多，而且也对炼钢所需的优质镁砂提出更高要求，其要求杂质含量应在2%~4%之间。这个要求用陆上天然菱镁矿烧结后制的镁砂是无法达到的，但是海水提取镁素，早在20世纪60年代纯度就已达到96%~98%，目前纯度又升至99.7%。如此超高纯度的镁砂，无疑最能满足冶金工业的特殊需要。镁还是叶绿素的核心，因此镁是重要中量元素肥料，主要用于橡胶、水稻、棕榈等经济作物。世界每年使用硫镁肥300万吨，东南亚各国每年从我国进口30多万吨。氢氧化镁作为绿色环保中和剂和无机阻燃剂，国内外用量在迅速增长。环保用氢氧化镁在美国的年用量在40万吨以上，日本在20万吨以上，而在我国，尚属空白。随着环保意识的加强，用氢氧化镁替代其他碱类作为酸性废水中和剂、重金属脱除剂及烟气脱硫剂势在必行。此外氢氧化镁属于添加型无机阻燃剂，与同类无机阻燃剂相比，具有更好的抑烟效果。由于火灾中有80%的人因烟窒息而死亡，因此当代阻燃剂技术中"抑烟"比"阻燃"更为重要。氢氧化镁在生产、使用和废弃过程中均无有害物质排放，并能中和燃烧过程中产生的酸性与腐蚀性气体，是一种环保型绿色阻燃剂。随着经济发展，我国在环保废水处理和阻燃剂方面对氢氧化镁的需求将不断增加。

镁在海水中的含量仅次于钠，处于第二位，因此含量丰富。美、英、日等国陆地镁矿缺乏，对镁的需求又比较大，这些国家都建有大型海水提镁工厂，海水提镁的产量占全国总产量的90%以上。作为工业大国和世界强国，美国生产镁的历史可以追溯到20世纪30年代，1935年美国海洋公司在加州旧金山就用贝壳制得氧化钙、从海水中制取氢氧化镁，当时主要应用在医药方面。1937年陶氏公司从卤水中生产氧化镁（镁砂），以供给冶金行业对耐火材料的需求。"二战"期间（1941年），陶氏公司首先利用海水为原料建立了金属镁的生产工厂，成为美国航空工业原料供应基地。直到1951年该公司仍是世界金属镁的唯一生产者。根据美国内务部矿务局统计，2010年美国56%以上的镁化物是从海水、盐湖卤水中提取的，其余不到40%是从白云石、菱镁矿和橄榄石加工制得。美国镁盐产品品种齐全，规格多样，用途专一，工艺技术和装备也较先进，是世界上镁盐生产大国，主要镁盐品种有氧化镁、氢氧化镁、氯化镁等。

化肥、环保用化学品和高纯镁砂是含镁化合物发展的主要方向。目前我国镁肥产品只有硫酸镁和以硫镁肥为原料生产的复混肥，品种单一，每年消耗仅11万吨，用于长江以南地区广大的红壤土种植的油菜、香蕉等农作物，无法满足农业的需要。造成我国镁肥生产落后的原因：一是制造镁肥的技术工艺落后，产品质量差、成本高；二是对系列镁肥的应用研究较少；三是品种单一且尚未形成针对不同土壤、不同作物的系列镁肥。我国南方十二省缺镁情况十分严重，对系列镁肥的需求量在百万吨以上。开发海水、卤水制取系列镁肥技术对提高我国粮食、经济作物的品质和产量将起到重要作用。在工业上，虽然我国陆地镁资源储量居世界首位，可以通过开采镁矿再炼得镁，但是从海水中提取镁，可以得到纯度更高的镁，从而满足工业上的特殊要求。围绕上述几个产品，加大力度开展海水卤水中镁化合物的提取技术研究和镁深加工技术的研究以及镁化合物的应用研究，是健康稳定发展海水化学资源综合利用的关键问题之一。

海水提镁主要是指从海水中制取金属镁、高纯镁砂、氢氧化镁等系列镁盐及其他镁系物。

早期的镁砂，多由天然菱镁矿加工而成，其纯度即氧化镁的含量较低。随着钢铁工业的日益发展，对碱性耐火材料的质量要求愈加苛求。因而对镁砂的纯度要求更高，矿源镁砂逐渐被海水镁砂取代。海水制取高纯镁砂是以海水或者卤水为原料，经精制处理、合成反应、沉降增稠、洗涤、过滤、轻烧、重烧（死烧）等工艺过程制得。高纯镁砂产业化的生产方法主要有石灰乳法、氨法、碳铵与纯碱法及碳化法，其技术关键之一是中间物料氢氧化镁的品质。为解决氢氧化镁沉降、过滤和洗涤等过程中存在的难题，国内外普遍采用了晶种法，即沉淀氢氧化镁时先加入一部分氢氧化镁或者氧化镁作为晶种，使其沉淀颗粒变大，易于沉降和过滤。为生产高纯镁砂，日本在已有工业化生产海水镁砂的基础上发展了再水化法，即在氢氧化镁沉淀后进行洗涤，烘干轻烧，之后再用海水洗涤，再次降低钙含量然后再轻烧、压球、重烧，这种工艺可制备出99%以上的高纯镁砂。海水镁砂开发中的另一个关键问题，是要降低镁砂中杂质硼的含量，否则会降低耐火材料的高温性能。海水镁砂的降硼方法很多，如过碱法、碱洗法、高温挥发法、萃取法、选择性树脂法、吸附法、碳化法等。归纳起来分为三大类：一是在海水沉淀氢氧化镁时，调节一定的pH值，减少对硼的吸附；二是将含硼的海水氧化镁进行后处理，以降低含硼量；三是将海水中的硼预先降低，然后由低硼制取低硼镁砂。

在海水制取金属镁方面，大多是由海水沉淀的氢氧化镁转化为氯化镁，后经电解制得混合物，该技术的关键在于电解前如何把卤水氯化镁变成无水氯化镁；在过去，工业界一般采用在氯化氢气流中加热脱水的办法，近年来多采用喷雾脱水法。目前，由海水生产金属镁已形成了两种比较成熟的电解方法，即IG-MEL法和DOW法，世界上大部分的金属镁是由这两种方法生产的。除了常用的电解法外，有些国家（如日本）也采用电热制镁法。

除此之外，镁盐晶具有高强度、高弹性模量和性能价格比高等优点，已成为近年来研究的热点。

第五节　海水提取微量元素技术

一、海水提铀

浩瀚的大海，除了为我们提供海鲜、食盐等产品之外，还能为我们提供什么？

核电科学家告诉我们，它还能提供一种名为铀的物质。铀的外观银白色金属，是重要的天然放射性元素，也是最重要的核燃料，元素符号U。铀于1789年由德国化学家克拉普罗特从沥青铀矿中分离出，并用1781年发现的天王星Uranus将其命名为Uranium。铀在接近绝对零度时有超导性，有延展性，并具有微弱放射性。1938年发现铀核裂变后，其开始成为主要的核原料，也开始被用作热核武器氢弹的引爆剂。平时我们常说的天然铀，指的是天然存在于自然界中的铀。目前，全球核电站所使用的核燃料基本来源于对陆地上天然铀矿的开采。

随着世界核电事业的蓬勃发展，全球每年所需的铀资源量也在不断增加。进入21世纪，全世界平均每年消耗约7万吨铀308。虽然根据数据显示，全球铀资源量超过了1500万吨。但是，陆地已知常规天然铀储量，即开采成本低于每千克130美元（通常指具有经济性的开采成本）的铀矿储量仅不超过500万吨。有专家预计，低成本铀矿只可供全世界现有规模核电站使用六七十年。在未来的几十年甚至更长时间后，陆地铀资源能否充足供应核电站运营所需，核电站的核燃料能否从别处获得？这成为不少核电专家一直思考和研究的问题。随着研究的深入，他们惊喜地发现，海水中存在着大量的铀元素。因此，如何从海水中提取铀化合物，且提取的成本能够被各大核电运营商所接受，便成了很多核电专家和化学家们的重要追求目标。

日本是最早将目光聚焦在海水提铀的国家之一。其对铀资源的渴望非常急迫，因为它是一个极其缺乏铀资源的国家，陆地铀资源储量不足万吨。因此，从20世纪60年代起，日本就有大批的专家在研究海水提铀的方法。随后，美国、法国、德国、瑞典等国中也有科学家加入研究队伍中。对于海水提铀的研究，最重要的是对吸附剂的研制、吸附装置与工程的实施两个方面。海水提铀的关键之处，是对吸附剂的研究。因为海水中含铀浓度很低，一般只有千万分之三，需要处理的海水量很大。如何提高提取的效率和降低提取的成本，基本取决于吸附剂的使用。因此，对吸附剂的开发，一直是海水提铀的研究重点。日本在1984年利用肟胺基树脂进行了海水吸附铀放大试验，在200天内得到了3.5克/千克（以吸附剂为基准）的海水铀，相当于磷酸稀土铀矿含量的5倍，并最终得到了2.2克的重铀酸铵沉淀。日本又经过多次试验，吸附剂的吸附效率不断增加，吸附剂的种类也几经变迁。之后，日本试验成功了一种新的吸附剂。此吸附剂中，除了氢氧化钛等化学物质外，还包括活性炭。在实验研究中，这种吸附剂1克可以得到1毫克铀，因而，这让当时不少日本科学家认为，在不久的将来，用它从海水中提取铀，完全可以跟从一般矿石提取铀的成本相竞争。目前，日本正在进行纤维状和球状肟胺基螯合吸附材料的开发，并开始海水提铀工艺技术与设备的研究。

1986年4月，日本在香川县建成了年产10千克铀的海水提取厂，并且制定了进一步建造工业规模的海水提铀工厂的计划。当前标准的海水提铀技术就由日本研发而来。这种技术，可以将吸附剂装入吸附柱中，把海水泵入吸附柱中，通过吸附剂和海水接触而吸附铀。另一种方式，则是利用辫形塑料纤维编成的垫子，垫子中放入用于捕获铀原子的吸附剂。将垫子挂在轮船下部，由其拖着漂浮于海面，或者使垫子悬浮在水下100多米深处。当然，这些过程中，都要确保垫子中的吸附剂和海水有足够接触的面积。待吸附剂吸纳了充足的铀化物后，需要将吸附柱或者垫子从海水中取出，用温酸溶液漂洗以获取铀，再经过一次次的富集，慢慢提高铀的浓度。这是一个积少成多的缓慢过程，虽然吸附柱和垫子都可以重复使用多次，但不得不承认的现实是，成本仍旧高于一般陆地上开发铀矿的成本。

研究海水提铀的专家认为，海水提铀是目前最具挑战性，也是"回报率"最高的核燃料资源研发项目。2012年8月，美国核电科学界传出消息称，从海水中提取铀，距离具有经济可行性更近了一步。当年8月，美国费城举行了美国化学学会年度会议。根据此会议上公布的报告，科学家在海水提铀方面已取得不小的进步，目前的铀提取技术，已经能够将成本降低近一半，即提取1磅（约合0.45千克）铀的成本从大约560美元降至300美元。此外，美国亚拉巴马州大学的罗宾·罗杰斯博士的一支研究小组正对海产品行业产生的废弃虾壳进行研究，希望能够研发出一种能够生物降解的垫子材料。2013年，华人化学家、美国北卡罗来纳大学教授林文斌博士领导的研究人员设计出了一种新材料，称"金属有机骨架配位物"（MOF），能收集通常溶在海水中的含铀离子。实验室试验证实，这种材料吸附人造海水中潜在的核燃料的能力至少是传统纤维吸附剂的4倍。据美国《MIT技术评论》编辑迈克·奥克特（Mike Orcutt）报道，这种新奇的材料能提供更好的方法提取溶解在海洋内巨量的铀资源，使海水提铀成为一种很有前景的非常规核燃料供应来源。

2016年4月，美国太平洋西北国家实验室宣布，通过橡树岭国家实验室开发的偕胺肟基聚乙烯纤维材料（AF1），将海水提铀成本降至原来的1/3到1/4（每千克铀300～400美元）。橡树岭国家实验室在高比表面积的空心齿轮状聚乙烯纤维表面键接偕胺肟基团，合成了AF系列（AF1～AF9）材料。纤维直径30微米，比表面积达1.35米²/克，而传统球状实心聚乙烯纤维的直径和比表面积仅为20微米和0.18米²/克。其中AF1提铀性能最突出，具有吸附速率快、吸附量大、耐海水腐蚀、易洗脱和易制备等优点，2016年进行的最新海试结果表明，每千克AF1可在56天内吸附超过6克铀，是日本开发的聚丙烯纤维材料吸附量的3倍。美国利用AF1，将海水提铀的成本极大降低，为工业化应用创造了条件，成为天然铀生产的另一种可能途径，有望为未来核能持续发展提供充足的燃料保障。

种种迹象表明，美国、日本等发达国家一直未停止研究海水提铀的步伐。更被核电科学家看重的是，从海水中提取铀在环保方面具有很大优势：由于传统的铀矿开采中，会产生具有污染的废水，对环境产生破坏性等不利影

图5-10　吸附材料工作图

响，且对矿工的健康构成威胁，而从海水中提取铀化物，则完全不存在这一问题。美国最新的研究成果暗示了，从海水提取铀的成本已"低于"陆地开采铀成本的上限，使"一次通过"式燃料循环有经济竞争力。海水提铀的经济可行性还有待实验证实，但如果高度相信"海水铀经济"，它会成为燃料循环选择方面的重要影响因素。

我国是铀矿资源不甚丰富的国家。据近年我国向国际原子能机构陆续提供的一批铀矿田的储量推算，我国铀矿探明储量居世界第10位之后，不能适应发展核电的长远需要。因此，为了保证国家的经济和国防安全，开发海水提铀技术势在必行。从20世纪70年代开始，中国科学院海洋研究所、山东海洋学院（现为中国海洋大学）等单位在核工业部、国家海洋局资助和支持下，对海水中的铀提取进行了一系列的研究工作。遗憾的是，由于进展缓慢，在往后的三四十年中，海水提铀渐渐淡出了中国科学家的研究范畴，目前还在坚持关注和研究的人很少。中国核能行业协会曾希望能够组织核电人员继续开展对海水提铀的研究，但收到的反馈不甚理想，感兴趣的人也不多。因为我国业界大多数人认为，解决未来铀资源问题，还在于对快堆技术的研究，一旦快堆技术有重大突破，将来铀资源将不存在短缺问题。所以，业内对海水提铀的重要性还没有强烈的意识。

据了解，目前在我国的民间，反而有一些相关人士在跟踪和研究海水提铀。上海应用物理研究所的吴国忠，作为日本留学归来的化学家，就曾组织民间企业在做海水提铀的实验。但民间组织和个人，因缺乏专业的团队和资金等方面的支持，研究进展缓慢。

二、海水提锂

1871年瑞典化学家阿尔费德松（J.A.Arfvedson）在研究透锂长石时首次发现了锂这种元素，并以希腊文Lithos（石头）命名为Lithinum（锂）。当时发现的是碳酸锂，阿尔费德松试图从中提取出金属锂，但没有成功。1818年英国戴维（H.Davy）通过电解碳酸锂制得了金属锂。

锂是自然界中最轻的银白色金属（密度0.53克/厘米^3），在常压下，锂不容易挥发，锂蒸气是由单原子分子和双原子分子形成的混合物，能使火焰呈红色。锂几乎能和除铁以外的所有金属融合在一起，化学性质非常活泼，在合适的条件下，它能与大多数非金属和金属反应。因此锂仅以化合物的形式广泛分

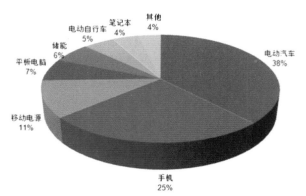

图5-11　2015年我国锂离子电池应用分布图

布于自然界中，如岩石、土壤、盐湖、海水和生物机体中，但含量都很少，所以锂也被划为稀有元素之列。

金属锂因活泼的化学性质和突出的物理性质而应用到很多领域，被称为"能源金属"和"推动世界前进的重要元素"。目前世界锂产品年消耗量约为30万吨，且以每年7%～11%的速度持续增长。锂主要用于能源工业、玻璃陶瓷工业、医药业、电解铝工业、制冷业等。

锂被称为"能源元素"，主要应用于锂离子电池和受热控制反应。锂离子电池将是继镍铬、镍氢电池之后，相当长一段时间内市场前景最好，发展最快的一类二次电池。它与常用的二次电池相比，具有电压高、能量密度高、输出功率大、可快速充放电、循环性能优越、使用寿命长、充电效率高、工作温度范围宽、自放电小、无电池记忆效应、无环境污染等优点。

锂离子电池在便携式电子设备、电动汽车、空间技术和国防工业等领域展示良好的应用前景和潜在的经济效益，是近年来受到广泛关注的研究热点。

锂在受控核聚变反应堆中也有广泛的应用。金属锂具有热熔大、液相温度范围宽、热导率高、黏度低和密度小等性质，在核聚变或核裂变反应堆中作冷却剂。如在氘-氚核聚变反应中产生的能量80%以上以中子动能形式释放，将液态锂围在反应堆堆芯收集中子能，然后循环通过热交换器，使其中的水变为蒸汽推动涡轮发电机发电。

在玻璃原料中加入碳酸锂或锂辉石，可使产品透明度高，耐腐蚀性好，膨胀系数低，并能降低熔融温度，减少物料损耗。同时，可以使玻璃融化加速，降低熔体黏度，减少废品率，提高产品质量，从而降低生产费用。

在陶瓷生产中加入锂，可以降低原料费用，改善产品质量和节约能源。在全玻璃陶瓷中，使用锂辉石可以加速融化，并使产品致密化。卫生陶瓷中使用锂辉石可减少溶剂用量，并保持玻璃化性质及烧成速度。

碳酸锂、溴化锂在医药工业中，可用于生产催眠剂和镇静剂药物。多年的临床应用证明，碳酸锂治疗精神病有明显的疗效，在典型的躁狂症治疗中，已经成为目前首选药物。锂还对反复发作的单相抑郁症及双相情感性躁郁症有预防作用，使其发作次数减少，优于其他抗躁郁型药物。此外，碳酸锂还可以用于生产抵抗脱氧核糖核酸（DNA）病毒的药物。丁基锂在制药业及维生素生产中用作催化剂。

在炼铝工业中，加入碳酸锂能增加溶解电解物的电导率，降低其挥发性和黏度，提高电流效率，降低操作温度，减少热能损失，延长电解槽使用寿命，并降低电解铝的成本，使排出有害的氟化氢（HF）气体减少22%～28%，保护了环境。而且，石墨电极使用寿命可提高50%，经济效益较好。

美国和欧洲锂基脂的消费量占润滑脂总消费量的50%～60%。在美国有90%的氢氧化锂用于制造润滑剂，我国锂基润滑脂的生产消费呈上升趋势，目前消费近10万吨锂基润滑脂。其具有良好的抗水性、机械安定性、防腐蚀性和氧化安定性，适用于工作温度-20℃～120℃内各种机械设备的滚动轴承和滑动轴承及其他摩擦部位的润滑，广泛应用于军事、石油、汽车和航空等工业领域。

随着人们办公环境、生活环境的日益提高以及《蒙特利尔公约》关于在2000年后禁止对氟氯烃制冷剂的协定生效后，溴化锂作为制冷节介质的用量已大大增加，用溴化锂做制冷剂替代氟利昂，可节省投资15%，节省电力8%，制冷效率提高20%，安全可靠，不会造成环境污染。目前情况下，50%浓度的溴化锂溶液已经被大量用于高楼、工厂等大型吸收式空调的制冷工作介质。近几年，使用溴化锂的年增长率在16%～20%。

锂铝合金和镁锂合金具有抗疲劳性能好、强度高、韧性好、重量轻的优点，在发达国家被广泛用于航空航天工业，以替代镁铝合金。在飞机上，如果采用锂铝合金作为主要结构材料，可在消耗同等燃料的情况下，提高20%以上的输运能力。每含锂1%，能有效降低合金重量的3%，而硬度却能提高大约5%。锂镁合金是制造导弹外壳的不可替代的材料，由于其各种优异的性能，被誉为"明天的宇航合金"。在汽车工业上，这两种合金的用量也在逐年增加。

其他的多种锂化合物在各个领域也有着重要而特殊的用途。LiH和H_2O发生强烈反应放出H_2，作为军事上和浮力装置中H_2的来源，还用作醛、酮和脂类的缩合剂。在锂的使用中，它还可以用作非晶硅太阳能电池和半导体薄膜材料用硅烷的催化剂。

锂在地壳中的含量约为0.0065%，已知的含锂矿物有150多种，主要以锂辉石、锂云母、透锂长石、磷铝石矿等形式存在。根据美国地质调查局2015年发布的数据，全球锂资源储量约为1350万吨，探明储量约为3978万吨。世界上锂资源比较丰富的地区主要分布在南美洲、北美洲、亚洲、大洋洲以及非洲。在全球范围内，锂矿资源主要分布在美国、智利、中国和玻利维亚等国和地区，其中玻利维亚的锂资源最多，为900万吨，其次为智利（750万吨）、阿根廷（650万吨）、美国（550万吨）和中国（540万吨）。其他锂资源较丰富的国家包括澳大利亚、加拿大、刚果（金）、俄罗斯、塞尔维亚以及巴西。全球锂矿床主要有五种类型，即伟晶岩矿床、卤水矿床、海水矿床、温泉矿床和堆积矿床，目前开采利用的锂资源主要为伟晶岩矿床和卤水矿床。盐湖卤水中的锂资源约占全球已探明锂资源的90%，主要分布在玻利维亚、智利、阿根廷、中国及美国。智利的世界第三干盐湖——阿塔卡马（Salar de Atacama）、玻利维亚的世界最大盐湖——乌尤尼(Salar de Uyuni)、阿根廷的翁布雷穆尔托、美国的银峰、中国西藏扎布耶和青海盐湖等为目前全球已探明的锂资源含量丰富的盐湖。花岗伟晶盐锂矿床主要分布在澳大利亚、加拿大、芬兰、中国、津巴布韦、南非、刚果，虽然印度和法国也发现了伟晶盐锂矿床，但不具备商业开发价值。具体来说，全球锂辉石矿主要分布于澳大利亚、加拿大、津巴布韦、刚果、巴西和中国；锂云母矿主要分布于津巴布韦、加拿大、美国、墨西哥和中国。我国锂资源远景储量更加乐观，仅青海和西藏盐湖卤水中锂的储量就十分可观，是世界上锂资源储量最大的国家之一。

世界海水中锂的储量为陆地的几万倍，但因海水中锂浓度极低，同时又与大量的同族碱金属和碱土金属离子共存，给海水提锂带来了极大的困难。目前提锂还是以锂矿石（见图5-15）和盐湖卤水（见图5-16）为主。陆地资源将无法满足相关高新

图5-15　锂矿石——锂辉石

技术产业可持续发展的需要。因此，世界沿海发达国家高度重视蕴藏丰富锂矿资源的海水锂资源的开发。

现今，海水提取锂做得比较好的是日本，日本属于岛国，矿产资源较为贫瘠。日本使用的锂完全依靠从南美各国进口。但

图5-16　富含矿物质的盐湖

是，南美是利用庞大的占地面积，用1年多的时间让含锂的盐湖水自然蒸发来制造锂，因此，该种锂生产方式无法满足日益增长的市场需求量，在今后的工业生产中，可能会陷入锂资源短缺的局面。而海水中含有约2600亿吨的锂资源，是比较充足的锂源。2014年日本原子能研究开发机构（JAEA）开发出了使用离子导电体作为分离膜、从海水中分离锂的技术，并成功利用海水制备出了锂离子充电电池的原料——碳酸锂（Li_2CO_3）粉末。虽然JAEA的目的是稳定供应核聚变炉使用的锂，但也把锂离子充电电池的需求纳入了视野。

通过在离子分离膜两侧供给海水和不含锂的回收溶液（稀盐酸），使海水和回收溶液之间产生锂浓度差，海水中的锂就会移动到回收溶液中。锂离子移动到离子传导体中，电极间会流过电子，产生电流。离子传导体采用的是含有锂、铝、钛、锗、硅、磷、氧的NASICON型晶体结构陶瓷。其原理类似"电池"，但又不同于电解，不使用电力，反而会发电。不过，制作稀盐酸和碳酸钠（Na_2CO_3）等原料时必须使用能源。

JAEA实施了从海水中提取锂的试验，用三天时间把海水中所含的锂提取出了约7%。另外，用做豆腐使用的"卤水"（锂浓度为海水的50~100倍）代替海水，在同样的测试条件下提取锂时，获得了与海水相同的回收性能。

虽然此次试验使用的是海水和卤水，其实从很多其他原料中也能获得锂。比如，可以制造对废旧的锂离子充电电池进行溶解并回收利用的系统。用海水制盐以及用海水制造淡水时废弃的浓缩海水也可以用来提取锂。

锂离子电池使用的主要原料是碳酸锂（Li_2CO_3）。利用此次开发的技术获得的锂以氯化锂（LiCl）溶解在稀盐酸中的状态存在。因此，JAEA研究了从LiCl获得Li_2CO_3粉末的工序。首先，使LiCl与廉价的碳酸钠（Na_2CO_3）水溶液

混合，获得Li_2CO_3沉淀物。然后，通过过滤回收沉淀物，进行干燥，就可成功获得Li_2CO_3粉末。另外，在提取锂的反应中，正极可获得氢气（H_2），负极可获得氯气（Cl_2）。这两种气体的用途也非常广泛，具备商业价值。

日本、以色列等国创造海水提锂吸附法，所选用的吸附剂有氢氧化铝吸附剂、氢氧化铝—活性炭复合吸附剂、氧化锰—活性炭复合吸附剂及各种树脂吸附剂等，其中无定型氢氧化铝吸附剂的吸附能力较强，性能较优越。日本工业技术院四国工业技术试验所近年来研制成功多孔质氧化锰吸附剂，吸附能力比常规锂吸附剂高5～10倍。

三、海洋微量化学元素提取的重要性

海水中微量元素除铀、锂外，还包括碘、重水等，这些均是陆地资源储量较小且带有政治性的战略物资，为此世界上许多国家不惜投巨资进行该方面的研究和技术储备。其目的在于：①紧急状态时能从无穷无尽的无国界的公共资源海水中提取；②海水铀、锂等的成本可以决定其最高价，可防止价格无限飞涨；③拥有从海水中提取资源的技术能够成为潜在的资源国。原子弹的能量是重元素的原子核分裂变化时释放出来的。氢弹的能量是轻元素的原子核聚合变化时释放出来的。能够发生裂变反应的最佳物质是铀，能够发生聚变反应的最佳物质是氘。这两种物质的绝大部分赋存在海水里。氘是氢的同位素，氘和氧化合成的水叫做"重水"。重水主要赋存于海水中，总量可达250亿吨。重水现在已是核反应堆运行不可缺少的辅助材料，也是制取氘的原料。1～2千克的铀瞬间裂变释放出巨大的能量成为破坏威力极大的原子弹。人工控制着让它在反应堆里慢慢地裂变，就能建成原子能发电站从而造福人类。1千克氘燃料释放的热量，至少可以抵得上4千克铀燃料或1万吨优质煤燃料释放的能量。人工控制氘聚合变化反应的方法也已取得很大的进展。一旦成功，建成以氘为原料的热核电站，海水提取重水生产氘的开发产业必定兴起。蕴藏在海水中的氘有50亿吨，足够人类用上千万亿年。实际上就是说，人类持续发展的能源短缺问题就一劳永逸地解决了。

海水是人类的"核材料仓库"。正是从这一认识出发，20世纪70年代发生石油能源危机的时候，国外一家科学杂志上刊登出这样一个醒目的标题——"可以燃烧的海水"，可见海水中化学元素的重要性。

第六节　我国海水化学资源综合利用前景展望

海水淡化排出大量的浓盐水，其含盐量高于海水一倍左右。国外海水淡化厂排放浓盐水时，通常是把浓盐水引入大海深处，让浓盐水与天然海水自然混合，以解决浓盐水区域性污染问题。但渤海近海海滩地势平缓，且水深较浅，海水交换能力较差，不具备向深海排放条件。渤海主要生物生存适宜盐度的上限是33～36，当盐度超过40时，一些生物将会死亡。因此，如果把浓盐水直接排入渤海，必将影响渤海海域海洋生态环境。据初步估算，一个日产10万吨的海水淡化厂，如果连续3天把浓缩海水直接排入渤海，8千米^{2}的沿海海域盐度将提高10%～20%；连续排放30天，盐度提高20%的沿海海域面积就将达到23千米^2。海水淡化后的浓盐水中各种化学资源的浓度基本上为原海水的2倍，用这种浓海水制取食盐，提溴，提钾，可大幅度降低能耗，提高提取率，发展前景广阔。利用海水淡化、海水冷却排放的浓缩海水，形成海水淡化、海水冷却和海水化学资源综合利用产业链，是实现资源综合利用和社会可持续发展的根本体现。

20世纪80年代，我国自主开发的塑苫技术，使海盐生产由季节性生产变为常年连续生产，降低了降雨造成的损失，单位面积的海盐产量得到明显提高。但我国海水制盐存在生产规模小、生产效率低、机械化程度低、经济效益低等问题。随着我国沿海开发战略的实施和经济的快速发展，沿海地区土地资源和廉价劳动力日益紧缺，海盐的低附加值与沿海地区土地资源和劳动力不断升值的矛盾日益凸显。海水制盐业在利用现代技术嫁接改造传统海水制盐的同时，将其与海水淡化、制碱、有机合成联合，逐步形成产业链，是今后制盐改造的方向。

海水提钾不仅是世界有关沿海国家关注的一个问题，也是我国较为重视的一个问题。目前，我国钾盐基本依赖进口，从长远考虑，我国的钾肥生产应该摆脱依赖进口的被动局面。我国的海水提钾虽然已突破了产业化关键技术，但尚未真正实现产业化推广应用。天然沸石是目前仅有的工业化前景较好的钾离子吸附剂。对于天然沸石富集剂的改良性研究，探讨沸石的组成、结构对钾离子富集交换量的影响及交换机理等理论研究是未来沸石法海水提钾的研究方向。同时，研究新的高效、廉价的钾离子富集交换吸附材料，从而降低海水提钾的生产成本也是海水提钾产业的关键所在。

作为重要的化工原料，溴元素有着广泛的利用。当前，随着我国对溴制品需求的进一步扩大，对制溴能力也提出了新的要求，我国的制溴产业必须跃上一个新台阶。应加大提高制溴工业中设备的自动控制比例，并从系统工程角度研究吹出塔、吸收塔和蒸馏塔之间的关系，降低工艺条件波动范围，提高总吸收率。同时随着山东莱州湾地下卤水资源面临枯竭，而海水制盐的中度卤水资源又受到规模影响产量有限，制溴行业迫切需要开发新技术，经济地利用海水和浓海水资源进行溴生产，以满足溴化工的需求。此外，与国外相比，我国的溴制品在数量和质量上与国外相比差距较大。在今后的研究和生产中，应该重视海水溴产品数量和品质的提高。

在国家和相关行业的大力支持和协助下，"十一五"期间，我国在海水卤水提取氢氧化镁技术和装备方面取得进展，建立了1套万吨级海水（卤水）提镁示范装置，2条百吨级镁系物中试线，研发了膏状氢氧化镁、硼酸镁晶须等新产品，并带动相关企业和行业的发展。虽然取得了一定的成果，但从整体看，我国的海水提镁依然存在一些问题，未来应向高质量、多品种、低能耗方向发展，同时注重镁系物深加工技术的研发。

我国的海水提铀、氘、锂等微量元素技术还处在初级阶段，在未来的发展中应该注重相关技术的发展和试验，在世界开发利用海洋化学资源的浪潮中，争取走在世界前列。

根据海水化学资源利用的经济性及重要性进行分析，我国海洋化学资源利用的发展趋势如下：

1. 生产规模的扩大化

随着市场需求的不断扩大，海水化学资源公司的生产规模不断扩大，在海水卤水提溴方面，世界上最大的溴生产厂商——以色列死海溴素有限公司的年产量已高达几十万吨。在未来的发展中，这种大规模的生产将在其他元素的提取上出现常态化，例如镁，钾等。其他微量元素的提取也将在现有的规模的基础上，出现较大的提升。

2. 产品类别的多样化，发展方向的高值化

海水化学资源产品日益多样化，就目前而言，在海水化学资源利用较发达的国家，如美国、日本等，其海水镁产品就多达60多种，溴系产品更是多达千种。同时，产品的发展不仅重视多元化，也日渐重视其高值化，在高附加值系列产品的研究上，一直没有停止过步伐。以海水为原材料，开发高值化的海洋化工产品，较传统方法成本明显降低，有利于提高海水化学资源的经济效

益，是海水化学资源利用技术的重要发展方向。

3. 提取元素的多元化

海洋浩瀚无穷，蕴藏着多种化学元素，除了钾、溴、镁外，海水中还含有诸如锂、碘、重水等陆地资源储量较小且带有政治性的战略物资。正是由于这种特殊性，这些海洋化学元素已经受到许多国家的青睐和重视，已经开展该方面的研究和技术储备。日本、美国等工业发达国家已经从事多年的海水提铀、海水提锂研究，并取得一定进展；海水提取氘和提取铯等方面的研究也在逐步深入之中。可以预见，在未来的海水化学资源利用中，会有越来越多的元素加入到这个产业之中。

目前，我国海水化学资源技术经过多年的科技攻关已取得了一定的成果。海水提溴已实现产业化应用，海水提镁已建成万吨级浓海水制备环保级膏状氢氧化镁示范工程。未来，在海水提镁、海水提溴方面，主要是加快环保型、阻燃型等系列功能材料的开发，缩小与国外的差距；在海水提钾方面，主要是研制高效、廉价的钾离子吸附剂从根本上降低海水提钾的生产成本。在微量元素的提取中，我国和国外先进国家相比还存在不小的差距，尤其是在战略性元素开发利用方面，如铀和氘等。随着国家发展循环经济和建设资源节约型社会的不断推进，发展海水利用技术集成技术，组合运用多种海水利用技术，积极构建和探索海水利用产业链是海水化学资源的重要发展趋势。特别是海水淡化浓海水综合利用。海水淡化副产的浓海水中化学组分的浓度为标准海水浓度的近2倍，若获取相同的化学资源，浓海水处理量仅为直接处理海水量的一半，可显著降低提取成本。此外，利用浓海水进行化学资源提取无须设置取海水和加氯杀菌等预处理设备，可大大节约投资和工程造价；并且，海水淡化操作过程中副产浓海水的温度、流量参数稳定，便于化学资源提取过程的常年平稳运行。利用海水淡化、海水冷却排放的浓缩海水，形成"海水淡化、海水冷却—浓海水提钾、溴、镁等化学元素—制取液体盐—制碱"产业链，不仅可以降低生产成本，也可以降低浓海水、苦卤可能带来的环境污染，符合国家倡导的循环经济发展模式的要求，是未来海水化学资源利用的一条可取模式。

在陆地资源不断消耗的环境以及科学技术进步发展的前提下，我国将集中更多的科研力量进行海水化学物质的提取研究，并支持、鼓励海水化学资源开发产、学、研模式以及海水综合利用开发模式，随着国家利好政策的鼓励和支持，我国未来海水化学资源利用产业将实现突破性的进展。

第六章
海水其他利用及展望

海水是流动的，对于人类来说，可用水量是不受限制的。海水还是陆地上淡水的来源和气候的调节器，世界海洋每年蒸发的淡水有450万千米^3，其中90%通过降雨返回海洋，10%变为雨雪落在大地上，然后顺河流又返回海洋。海水是名副其实的液体矿藏，目前世界上已知的100多种元素中，80%可以在海水中找到。海水中还孕育着千万种生物，她是生命的摇篮。到目前为止，海水还有许多秘密值得我们探索，也有很多力量值得我们敬畏，更有很多宝藏值得我们依靠。

一般而言，人们谈及海水的利用，就是指海水的综合利用。海水综合利用指的就是海水淡化、海水直接利用和海水化学元素利用三个方面，也就是我们前面所描述的内容。但是，海水综合利用仅仅是海水资源利用的一个方面，海洋环境复杂多变，海水也并不"纯洁"，因此海水的利用其实并不仅仅包含这三个方面，还有其他一些应用，例如人类利用海水的自净能力进行污水处理、利用海水中蕴含的各种能量进行发电等，当然海水可能还蕴含一些其他的价值，只是在当下科学技术条件下，人类还不能知晓。本章我们将简单了解一下海水自净能力及各种能量的利用。

第一节　海水自净能力利用及展望

一、海水自净能力

海洋自净能力，是指海洋环境通过自身的物理过程、化学过程和生物过程而使污染物质的浓度降低乃至消失的能力。

海水为何会有这种自净能力呢？要说起这种自净能力，还要从海水自身的性质说起，我们知道海水总量非常巨大，并且海水中含有多种微生物以及盐类，同时海水并不是静止的，时时刻刻处于运动中，这些都为海水的自净能力作出贡献。简单来讲，海水拥有自净能力的主要原因就是污染物可在海水中稀释、扩散以及被水中的生物化学分解。当然，海洋中的沉积物等也对自净产生一定的影响。海水自净能力的强弱跟很多因素相关，主要有地形、海水的运动、温度、盐度、酸碱度（pH）、氧化还原电位（Eh）和生物丰度以及污染物本身的性质和浓度等。

一片海域，自净能力的强弱通常用浓度下降率和污染物参数变化率来表示。海水快速自净主要取决于海域的环境动力条件（诸如风力、环流、水交换能力等）的稀释扩散和输移的物理过程，而化学环境（温度、盐度、酸碱度、氧化还原电位）和生物降解菌群的丰度对海水长期自净起着重要的作用。

海水的自净是一个错综复杂的自然变化过程。自净能力越强，净化速度越快。海洋自净过程按其发生机理可分为：物理净化，化学净化和生物净化。三种过程相互影响，同时发生或相互交错进行。一般说来，物理净化是海洋自净中最重要的过程。

1. 物理净化

物理净化是指污染物质由于稀释、扩散、混合和沉淀等过程而降低浓度。污水进入水体后，可沉性固体在水流较弱的地方逐渐沉入水底，形成污泥。悬浮体、胶体和溶解性污染物因混合、稀释，浓度逐渐降低。污水稀释的程度通常用稀释比表示。对河流来说，用参与混合的河水流量与污水流量之比表示。污水排入河流经相当长的距离才能达到完全混合，因此这一比值是变化的。达到完全混合的距离受许多因素的影响，主要有稀释比、河流水文情势、河道弯曲程度、污水排放口的位置和形式等。在湖泊、水库和海洋中影响污水稀释的因素还有水流方向、风向和风力、水温和潮汐等。

2. 化学净化

主要由海水理化条件变化所产生的氧化还原、化合分解、吸附凝聚、交换和络合等化学反应实现的自然净化。如有机污染物经氧化还原作用最终生成二氧化碳和水等。汞、镉、铬、铜等金属，在海水酸碱度和盐度变化影响下，离子价态可发生改变，从而改变毒性或由胶体物质吸附凝聚共沉淀于海底。海水中含有的各种配合体或螯合剂也都可以与污染物发生络合反应，改变它们的存在状态和毒性。价态的变化直接影响这些金属元素的化学性质和迁移、净化能力。影响化学净化的因子有酸碱度、氧化还原电位、温度和海水中化学组分及其形态等。如大多数重金属在强酸性海水中形成易溶性化合物，有较高的迁移能力；而在弱碱性海水中易形成羟基络合物如$Cu(OH)$、$Pb(OH)$、$Cr(OH)$等形式沉淀而利于净化。一般说来，可溶性的化学物质净化能力较弱，难溶性物质因其易沉入底质而净化能力较强。

3. 生物净化

微生物和藻类等生物通过其代谢作用将污染物质降解或转化成低毒或无毒物质的过程。如将甲基汞转化为金属汞，将石油烃氧化成二氧化碳和水。

微生物在降解有机污染物时，要消耗水中的溶解氧。因此，可根据在一定期间内消耗氧的数量多少来表示水体污染的程度。目前已知微生物能降解石油、有机氯农药、多氯联苯以及其他各种有机污染物。其降解速率因微生物和污染物的种类和环境条件而异。还有许多种类微生物能转化汞、镉、铅、砷等金属。

由于海洋辽阔，自净能力也大，人们一直把它看成是天然的最大净化池而任意倾废或排污，但海洋的自净能力并不是没有限度的。为了合理利用海洋环境自净功能，保护和改善海洋环境，研究和掌握海洋环境自净机理，是海洋环境科学研究的一项重要任务。

海洋排污是通过排污口实现的，《陆源入海排污口及邻近海域生态环境评价指南》(HY/T 086-2005)将排污口分为4类：工业排污口、市政排污口、排污河、其他排污口。按排污口设置位置的不同，污水排海通常有两种方式：岸边排放和离岸排放。同样的污水排放量和污染物类型，岸边排放投资较小，但对海洋环境影响较大；离岸排放对海洋环境影响相对较小，但是管道投资费用较大，所以污水排放口设置既要考虑海洋保护需求，又要兼顾投资维护成本。

那么，海洋排污口是如何选择的呢？当建设周期较短或者投入资金不足的情况下，实行岸边排放。污水排放口选址需按照污染源种类和当地的实际地形来确定，需构造一段长度大于1米并且长宽高易于测量的明渠。如果工厂或单位排放污染物中含《污水综合排放标准》中的一类污染物，应另加排污口设置在产生一类污染物的车间，或者将排污口设置在污水处理设施出水口处，严格管理。入海排污口的建设须按照相关标准，遵循易于采集样品、易于日常监督管理、易于监测计量原则，应设置规范的潮流段，从而有利于流量流速的测量。在需要重点监控的排污口处应安装测量流量、流速的流量计。另外，排污

图6-1　海洋排污口

口环境保护图形标志牌应遵循《环境保护图形标志》标准中的相关规定。

在经济较发达的地区，应将排污口尽量设置在深海处，充分利用海洋的纳污能力。污水离岸排海的流程为排污单位或者污水处理厂经过相应的预处理后排放污水，经过陆地及海底排污管道，运送到海底深处，通过扩散器排放到海洋内，海洋的自净与稀释降解能力使污水与海水迅速混合，在混合区内稀释降解，从而达到当地海区的海水水质标准。当需要建设离岸深海排污口时，应当遵循《海洋环境保护法》及当地的海洋环境功能区划，还需综合考虑海水水深水流以及污水排海工程设施的有关情况。海洋环境保护法和一些国家标准中与排污管道、扩散器相关的规定有：扩散器应设置在海洋水深7米以下的位置处，起点距低潮线要在200米以上。

对于采取污水一级处理和排海工程结合的办法是否可以保证不污染环境，对于海洋的自然消纳和自净能力，国际上进行了大量的长期的研究和考察，已经取得了一致的肯定。因此，在《中国海洋21世纪议程》提出"合理利用海洋自净能力。深水管道排污可以减少污水治理费用，利用海洋自净能力净化污水。沿海城市应逐步推广污水深水管道排海工程"，在《中华人民共和国海洋环境保护法》中明确提出"在有条件的地区，应当将排污口深海设置，实行离岸排放"。

二、海洋自净能力利用现状

目前而言，国际上利用海水自净能力进行污水处理的国家较多，例如美国西海岸排海工程早在1985年就达到250处，美国排海工程排放的污水大部分经过一级处理，少部分经二级处理，排放口处水深大多为20~40米，最深达120米；英国至今已有百个污水海洋处置工程；加拿大不列颠哥伦比亚省，其滨海岸就有20多个污水海洋处置工程。我国海岸线漫长，沿海地区属于我国经济发达地区，全国一半以上的人口居住于此，生活污水、工业废水产量惊人，因此海洋排污量庞大，据不完全统计，现今我国每年向海洋中排放约千亿吨废水，每天平均3亿吨废水。

海洋在人类日常生活中发挥着关键作用，然而，人类活动正在使海洋环境受到严重威胁。过分开采、非法捕捞、海洋污染，特别是从陆地排放到海洋中的污染物以及外来物种入侵，使包括渔业资源在内的海洋生态系统正遭受严重破坏。尤其对于沿海地区来说，改革开放的政策和其独特的地域优势，使他们最早尝到中国经济发展的甜头，但与此同时，沿海地区受到的环境污染和破坏也是较早的。海域被污染，有一部分是沿海的大量工厂排污所致。

三、海洋自净能力利用展望

利用海水的自净作用可适当降低排海污水的人工处理程度，因而可大量节省环保投资。目前而言，人们仅仅知道辽阔深邃的海洋具有巨大的自净能力是不够的，同时还必须看到在人类活动较集中的近海由于水交换能力的限制，可持续利用的自净能力是很有限的。我们应该树立正确的海洋排污观，将海水自净能力作为一种宝贵的环境资源进行合理的开发和利用。

工业化以前世界在人们眼里很大，千里之外便是另外一个世界，更不要说海洋了，人们把海洋看成无穷大而任意排放污物不足为奇。那时的社会生产规模不大、生产水平不高，所排污物也十分有限，而且成分都是地表自然界本身存在的物质，不会对海洋构成威胁。但工业化之后，生产能力与排放的污物成几何量级增大，而排放污物的方法和观念还是一成不变就不行了。人们总是无限度地利用海洋的环境容量，相信海洋的自净能力，为了一己之利，为了经济上更少地付出，而不愿承认海洋自净能力也有限度。至今为止也没有人去系统地计算海洋各方面的承受能力与海洋自净能力。人类像个长不大的任性顽童，捂着眼睛当没看见，继续把不断产生的污染物倾泻到想象中无穷大的海洋之中。

合理利用海洋的自净能力其实是有道理的，污染物中的许多有机物正是海洋生物的食物来源，但目前的排污观念有不少偏颇之处。过分利用海洋的环境容量，大海迟早也会饱和。我们应该建立可持续的海洋排污观念：海洋容纳和消化污染物是有限的，而我们排放污染却是长久的，为了子孙后代和人类的可持续发展，应该从现在就在海洋能够自净的基础上控制污染物的排放，并且要认识到污染物在海洋中会损害和破坏海洋生态环境，也会影响到人类自身的生存安全。大海是人类最后的退路，保护海洋环境就是保护人类自己。

　　近年来，我国提出要大力推进生态文明建设，要加强海洋生态文明建设和海洋环境保护力度，力求持续不断地改善海洋生态环境。2015年10月，党的十八届五中全会明确提出开展蓝色海湾整治行动。2016年3月，《中国国民经济和社会发展第十三个五年规划纲要》明确提出实施蓝色海湾整治等4个海洋重大工程。2016年5月，财政部、国家海洋局《关于中央财政支持实施蓝色海湾整治行动的通知》明确，开展蓝色海湾整治行动的城市，要促进近海水质稳中趋好，受损岸线、海湾得到修复，滨海湿地面积不断增加，围填海规模得到有效控制；在具有重要生态价值的海岛实施生态修复，促进有居民海岛生态系统保护，逐步实现"水清、岸绿、滩净、湾美、岛丽"的海洋生态文明建设目标。按照规定，到2020年，"蓝色行动"将重点治理污染严重的16个海湾，推进50个沿海城市毗邻重点小海湾的整治修复，恢复滨海湿地面积不少于85平方公里，修复近岸受损海域4000平方公里，整治和修复岸线2000公里，大大提升我国海洋环境生态保护与建设能力。

图6-2　日本森崎污水处理厂俯瞰图

在这种背景下，海洋排污尤其是近海排污无序化现状将得到极大的改善，排污水口达标率将显著提高，排污总量及危害程度将显著降低。在此过程中，污水处理厂的建设是必不可少的，排海污水都需要经过处理厂的处理，减少其危害性。目前而言，我国大规模污水处理厂建设数量还不够，相关政策和财政支持还有待完善。目前世界上污水处理厂建设、运营和管理较好的是美国和日本，例如日本东京森崎污水处理厂（见图6-2），其处理规模是157万吨/日，是日本最大的污水处理厂，于1967年运行。它由东、西两部分污水设施和进行污泥处理的南部污泥成套处理设备构成，水处理区域为大田区的全部、品川区，目黑区和世田谷区的大部以及涩谷和衫并区的一部分。该厂有四座污泥消化池，每座直径28米，高19.5米，消化池产生的沼气可以产生3兆瓦的电力。处理后的水大部分排入东京湾。其一部分经过砂滤后被用于中心内部的冷却和冲洗厕所等。此外，还有一部分提供给大田区和品川区的环卫工厂。产生的污泥大部分使用连接设施被压送到南部污泥成套处理设备进行处理，部分污泥在中心脱水后用船从海上运到南部污泥成套处理设备。

通过上述论述，我们可以预测，在国家生态文明建设及蓝色海湾整治背景下，海洋排污口将向着规范化、重质化方向发展，乱排、偷排现象将得到有效遏制，同时深海排污口数量、污水处理厂数量、污水处理能力将得到显著提升。

第二节　海水可再生资源利用及展望

一、海水可再生资源

海洋被认为是地球上最后的资源宝库，也被称为能量之海。地球表面总面积的71%被海水所覆盖，这里汇集了地球上97%的水量。海洋能源是海水本身所具有的自然能量，包括海水运动的动能（波浪能、潮流能、海流能），海水的热能（温差能），海水的化学能（盐差能）等。这些都属于可再生能源，究其原因，潮流能来源于月球和太阳对地球的万有引力的变化，其他各种大都是太阳辐射产生的。在太阳系存在的年代中，太阳辐射是可再生的，取之不尽，用之不竭，因此，海洋能也是取之不尽、用之不竭的。海洋，是一个超级巨大的太阳能接受体和存储器。

太阳辐射到地球上的能量，大部分落在海洋的上空和海水中，其中一部分被海洋吸收，转化为各种形式的海洋能，每年大约对应37万亿千瓦·时的电量。每平方千米的大洋表面水层所含有的能量，相当于3800桶石油燃烧放出的热量，因此，海洋也被人称为"蓝色油田"。海洋中的这些能量不容小觑：据计算，波浪对每平方米海岸的冲击力可达二三十吨，能把1700吨的岩石翻转；潮涨潮落，每天海水都按时地涨来退去，这是海洋中的潮汐现象。海洋潮汐的顶托力在古代就已被我国劳动人民所利用，福建泉州洛阳桥的建造就有利用海洋潮汐力的记载。山东沿海很早就利用潮汐作动力开磨坊……目前，海洋能源作为新能源和可再生能源的复合能源，受到人们的关注，越来越多的国家正把海洋能源的开发利用列为海洋开发的重要课题，正在开拓中的海洋可再生能源在不久的未来将形成具备一定规模的海洋产业。

蕴藏于海洋中的能量是十分巨大的，其理论储量是目前全世界各国每年能耗量的几百倍甚至上千倍。而且，作为可再生能源，他们又是无穷无尽，永不枯竭的。根据1981年联合国教科文组织出版物的估计数字，5种海洋能理论上可再生的总量为766亿千瓦。其中温差能为400亿千瓦，盐差能为300亿千瓦，潮汐能和波浪能30亿千瓦，海流能为6亿千瓦。实际上，上述能量是不可能全部取出来利用的，只能利用较强的海流能、潮汐能和波浪能，以及大降雨量地域的盐差能，而温差能的利用则受热机卡诺效率的限制。在巨大的海洋能量中，估计技术上允许利用的总功率约为64亿千瓦，其中，盐差能30亿千瓦，温差能20亿千瓦，波浪能10亿千瓦，海流能3亿千瓦，潮汐能1亿千瓦。也有学者估计，全球海水温差能可利用功率达100亿千瓦，潮汐能、波浪能、海流能以及海水温差能等可再生功率均为10亿千瓦。

海水中蕴含着如此多的能量，在陆地能源日渐紧缺的今天，人们必然将目光转向海洋。从国家层面上讲，可持续发展和环境保护战略都需要调整能源结构，开发可再生能源必将成为国策。开发海洋能源是高风险、高投入、高回收的高新技术。例如，在20世纪中期，人类发现海底蕴藏有石油、天然气，经过勘探，证实储量与陆地相当。但是，受限于当时的技术和科技，开发海洋石油天然气有高风险，同时又需要高投入，还需要发展高技术进行技术支持，对当时而言，这种现状基本是无利可图的。但是，经过几十年的奋斗，海洋油气已形成最大、利润最高的海洋产业，提供人类30%的油气。21世纪，在能源需求和环境保护的驱动下，有可持续发展和环境保护的政策的引导，海洋能源开发也有闯过高风险、高成本关，发展为成熟产业的美好前景。

二、海水可再生资源利用现状

我国濒临广阔的太平洋，海域范围辽阔，包括渤海、黄海、东海，以及南海。据统计，我国大大小小的岛屿共6500多个，其中台湾岛是我国最大的岛屿，海南岛第二；崇明岛为我国最大的冲积岛。大陆海岸线长1.8万多公里，岛屿岸线长达1.4万多公里，海疆辽阔，海洋资源富饶。

我国沿海地区经济发展快，能源需求量大，但是能源自给率低，开发海洋能源有助于我国沿海省份经济的发展。2009年，国务院第一次发布了《国家海洋事业发展规划纲要》，明确提出要建设海洋强国、统筹海洋事务。我国已设立了海洋可再生能源专项资金，为海洋可再生能源技术研发提供了财力支持。

我国广阔的海域中蕴藏着相当丰富的海洋资源。据初步估算，我国海洋资源理论蕴藏量约为4.31亿千瓦，仅潮汐能和海流能两项，年理论发电量可达3000亿度，我国海洋能资源的开发潜力是巨大的。

潮汐能是我国目前唯一经过实地评价的海洋能源，蕴藏量极为丰富，能量密度位于世界中等水平。据1982年水利电力部提供的数据，我国大陆沿海的潮汐能源总蕴藏量达1.9亿千瓦。其中可开发利用的装机容量为2157万千瓦，可利用的年发电量约为618亿千瓦，占全世界总蕴藏量的1/10，居第四位。其他的海洋能资源中，波浪能资源具有开发价值，据初步估算，大陆沿岸波能资

图6-3　浙江江夏潮汐试验电站

源约有1.5亿千瓦，可利用的大约为3000万到3500万千瓦。我国温差能和海流能资源也比较丰富，能量密度位于世界前列，其中海洋温差能资源主要分布在南海，按海洋垂直温差18℃以上估算，可开发利用面积约3000平方公里，可利用的热能资源约1.5亿千瓦。我国入海江河淡水径流量每年约为2万~3万亿米^3，在河口区域的海水盐度差能源，估计可达1.1亿千瓦。另外，还有潮流，海流能量，粗略估计，潮流能有1000万千瓦；海流仅流经东海的黑潮部分，估计就有2000万千瓦。

我国最早开发利用的海水动力能源为潮流能。我国漫长、曲折的海岸线以及潮汐河流蕴藏着丰富的潮汐能源。我国山东、浙江、福建、广东等省都有潮汐发电潜力，可以开辟的潮汐电站坝址为424个，以浙江和福建沿海数目最多。从1958年起，我国陆续在广东顺德、东湾、山东乳山、上海崇明等地建立了几十座潮汐能发电站，其中浙江省温岭市西南角乐清湾江厦潮汐试验电站（见图6-3）装机容量最大，该电站为我国沿海潮汐能的开发积累了经验。潮汐能发电是一项潜力巨大的事业，经过多年来的实践，在工作原理和总体构造上基本成型，可以进入大规模开发利用阶段，随着科技的不断进步和能源资源的日趋紧缺，潮汐能发电在不远的将来将有飞速的发展，潮汐能发电的前景是广阔的。

国内一些大学对海流发电机装置研究起步较早，但目前未能形成产业化商品。目前国内的一些大学和研究所也在进行海流发电机项目的研究，并进行了实用新型专利的申请，然而大多研究成果距工程应用还有一段距离。

波浪发电研究是20世纪70年代从上海开始搞起来的，在1975年，我国研制成功了一台功率为1千瓦的波力发电浮标。80年代来以来我国波浪能利用获得较快发展，不仅成功研制航标灯用波能发电装置，而且还根据不同航标灯的要求，开发了一系列产品，与日本合作研制的后弯管型浮标发电装置，已向国外出口，该技术属国际领先水平。另外，国内有人研究设计出一种具有我国独创性的"浪轮机"，1973年1月在海上试验成功，在1米波高条件下，平均发电20~30瓦，另外以同样原理设计"浪动力潜艇"模型。虽然尚未达到实用化，但这项发明创造为我国波能利用研究开辟了新途径。我国波力发电虽起步较晚，但发展很快。微型波力发电技术已成熟，小型岸式波力发电技术进入世界先进行列，但我国波浪能开发的规模远小于挪威和英国。到2020年，我国计划在山东、海南、广东各建1座1000千瓦级岸式波浪能电站。

我国海洋温差能的研究开发目前仍处于实验室理论研究以及实验阶段。

图6-4　海洋温差能利用装置

2008年，我国海洋局第一海洋研究所承担了"十一五国家科技支撑计划"重点项目"15千瓦海洋温差能关键技术与设备的研制"，建成了利用电厂蒸汽余热加热工质进行热循环的温差能发电装置（见图6-4）用以进行模拟研究，设计功率为15千瓦，于2012年10月通过验收，使我国成为继美国、日本之后，第三个独立掌握海洋温差能发电技术的国家。根据"十一五"规划，到2020年，中国计划在西沙群岛和南海各建1座温差能电站。总体而言，我国温差能发电还处于实验研究阶段，距离商业开发利用还有很长的路要走。

我国海域辽阔，海岸线漫长，入海的径流量巨大，在沿岸各江河入海口附近蕴藏着丰富的盐差能资源。据统计我国沿岸全部江河多年平均入海径流量约为1.7万亿~1.8万亿米^3，各主要江河的年入海径流量约1.5万亿~1.6万亿米^3，据计算，我国沿岸盐差能资源蕴藏量为3.9×10^{15}千焦，理论功率为1.25亿千瓦。由于地理分布不均和资源量有明显季节变化和年际变化，以及部分地区存在冰封期的特点，海洋盐差能发电在我国的研究进展及应用困难重重，尚处在初期研究阶段。

我国煤炭资源多贮存在华北、西北地区，而沿海发达地区相对较少，开发海洋可再生能源恰好可以弥补该格局，也可大大减少北煤南运、西气东输、西电东送等额外费用。所以，海洋可再生能源的开发利用，对改善能源结构、节省经济发展成本等都具有重要经济意义，对解决能源供需矛盾、促进社会可持续健康发展具有重大现实意义。在国家高度重视之下，我国海洋能开发利用的相关研究和工程试验都取得了长足发展，不久的将来，海洋能源也许就会走进千家万户。

三、海水可再生资源利用展望

对我国而言，人口多、人均资源占有量低以及能源分布不均等是当下面临的重要问题。海水中蕴含着巨大的能量，是未来重点发展的领域。当下，我国在波浪能技术方面与国外先进水平差距不大，也是世界上主要的波能研究开发国家之一。波浪能在经历了数十年的示范应用过程后，正稳步向商业化应用发展，且在波能转化效率、成本控制以及阵列优化等方面仍有很大的技术潜力。依靠波浪技术、海工技术以及透平机组技术的发展，波浪能利用的成本有望在10年之内下降到可接受范围之内。

我国海流能资源丰富，在其发展进程中，应该解决机组的水下安装、维护和在海洋环境中的生存问题。同时，海流能的利用应该参考风能的利用，发展"机群"，以一定的单机容量发展标准化设备，从而达到工业化生产以降低成本的目的。

潮汐能的大规模利用涉及大型的基础建设工程，在融资和环境评估方面都需要一个相当长的过程。大型潮汐电站的研建往往需要几十年，甚至上百年的过程。因此，应重视对可行性分析的研究。目前，还应重视对机组技术的研究。在投资政策方面，可以考虑中央、地方及企业联合投资，也可参考风力发电的经验，在引进技术的同时由国外贷款。

温差能和盐差能利用方面，世界各国整体还处于研究阶段。因此，技术领域研究、政策倾斜、国外交流合作等是今后发展的重点。

总而言之，我国当下应重点发展潮汐、波浪、海流能机组及设备的产业化；结合工程项目发展潮汐电站；加强对波浪能综合利用的技术研究，可作为战略能源的海洋温差能、盐差能将得到更进一步发展，并将与开发海洋综合设施，建立海上独立生存空间和工业基地相结合的模式。

第七章

我国利用海水资源的诱人前景

　　人类利用的海水及其中所含的元素、化合物以及蕴含的能源。浩瀚的海洋是一个巨大的宝库，海水就是一项取用不尽的资源，它不仅有航运交通之利，而且经过淡化就能大量供给工业、生活等用水。海水溶解有化学元素80多种，可供人类利用的就多达50多种。在海洋能源中，现今技术条件下，多种能源可为人类服务。

　　我国海岸线长1.8万公里，拥有岛屿6500多个，在这广袤的海洋国土中蕴含着丰富的海水资源。在这些资源中，有些资源蕴含量十分可观，具有广阔的可开发前景。本章将展示未来几个具有代表性的海水资源利用实例，为读者展示海水资源的魅力。

第一节　黄海冷水团利用

一、黄海冷水团

　　一般来说，不同海域、不同层次的海水，其性质彼此是有差异的，在某些情况下，这种差异可以大到相当显著的程度，因而可明显地分为不同的水体（团）。而在同一水体中，物理性质基本是均一的。

　　水团，是在一定的时期中形成于同一源地的、一定体积的水体，在同一水团内，主要海洋学特征（温度、盐度等）在空间上具有相对的均一性，在时间上具有大体一致的变化趋势。与其周围海水的物理、化学性质及其变化规律

海水资源利用发展现状与前景研究

144

存在明显差异。

　　事实上，即使在大洋里，温度和盐度完全均一的水团也是很少见的，在浅海中，此种"均一性"更难实现。只能这样认为，实际水团中最为突出的特征，我们称为水团的"核心"。而其他部分则受到周围水团影响，产生不同程度变异，但是仍然属于同一水体。

　　水团分析就是研究水团的分布、消长与变化规律，它不仅是物理海洋学本身的重要内容之一，而且和国防建设及渔业、水产的关系极为密切，不同的水团，其温、盐、密诸要素有所不同，声、光性质也有差异，而这些对于海军潜艇的活动，水雷布设、水下通信及监视，都有巨大的影响。不同理化性质的水团，哺育繁衍了不同的海洋生物群落，这对海洋资源研究无疑是有用的。特别是在不同水团接壤、交汇的边界水域，大多是有名的渔场。因而水团边界的研究，会对渔业和水产事业提供重要的基础资料。

　　对黄海而言，沿岸水团、黄海中央水团和南黄海高盐水团是其最基本的3类水团。黄海沿岸水系指黄海沿岸20～30米等深线以内的海域，入海江河淡水与海水混合，形成的辽南沿岸水、鲁北沿岸水、苏北沿岸水和西朝鲜沿岸水。这些沿岸水的共同特征是：盐度终年较低（大多数低于32.0‰）、海水混浊，透明度小，温、盐度的季节变化大，水团的水平范围夏季大而冬季小，但厚度是夏季浅而冬季深。

　　黄海中央水团分布在黄海中央水下洼地区域，其南端可进入东海。它是由进入大陆架浅海的外海水与沿岸水混合后，在当地水文气象条件的影响下形成的混合水团。冬半年（11月至翌年3月），水团呈垂直均匀状态，温度为3～10℃，盐度为32.0‰～34.0‰。夏半年（4月至10月），由于增温降盐作用，黄海中央水团明显地分为上、下两层。上层为高温（25～28℃）、低盐（31.0‰～32.0‰）水，厚度为15～35米；下层为低温（6～12℃）、高盐（31.6‰～33.0‰）水，称为"黄海底层冷水"（习惯上称为"黄海冷水团"）。两者之间出现明显的跃层。

　　黄海冷水团是一个温差大、盐差小，而以低温为其主要特征的水体。这一冷水实际上是冬季时残留在海底洼地中的黄海中央水团，占黄海面积的1/3。黄海冷水团覆盖海域面积约13万千米^2，占有体积约5万亿米^3。12月至翌年3月为冷水团温盐特性的更新形成期；4～6月为冷水团的成长期；7～8月为强盛期；9～11月为冷水团向冬季更新过渡的消衰期。它因是冬季黄海水受冷却作用形成的，所以温度很低，只有5～8℃。从春季开始海面逐渐增温，在

图7-1　黄海冷水团的分布（12℃线）

5～7米深处出现温度跃层，有效地保证了下层冷水不受上层海水增温的影响。到了夏季，表层水温28℃，底层温度仍然保留冬季水温的特征，仅有8℃，表底层海水温度相差达20℃。以△T=20℃计算，蕴藏热量为4.0×10²⁰焦。这是一个巨大的冷源，也是潜在的巨大能源。而在通常情况下，8～10℃的低温海水要在海洋400米深处才会出现。我国渤、黄、东海都不存在这个深度，只有南海存在，但是，广东省距离400米水深水域约400千米，海南岛与其的最近距离也要300千米以上。只有台湾岛距离最近，也要5千米以上。同时，南海水深浪大，水下设施很容易被风浪破坏，再者从这样深处提水，本身也有很大难度。因此，黄海冷水团在世界上是得天独厚的巨大冷源。在全世界海洋中、低纬度区域，还没有一个像黄海冷水团这样浅水、低温、规模巨大的水域。

在夏季，黄海整个底层除近岸外，几乎全被低温海水所盘踞，其等温线自成一个水平封闭体系。这个等温线呈封闭型的冷水体，就是黄海冷水团，尤以北黄海最为显著。在冷水团内部，存在两个冷中心，分别出现在南、北黄海，且北黄海冷中心的水温（7℃）低于南黄海的冷中心水温（8℃），在冷水团的周边形成了强的温度锋区。

黄海冷水团以成山角至长山串连线为界，被分成南、北两个部分，南黄海冷水团与北黄海冷水团相比，温度和盐度均略高。相应地黄海冷水团有南、北两个冷中心。北黄海冷水团中心位置较稳定，约位于北黄海中部偏西，水深大于50米范围内，最低温度值变化范围为4.6～9.3℃。南黄海冷中心位置变化较大，大致位于北纬35°30′—36°45′、东经124°以西区域；最低温度值变化范围为6.0～9.0℃。

黄海冷水团所盘踞的区域，特别是其边缘部分，夏季形成气旋式密度环流。环流速度自冷中心向外逐渐增大，最大值为20～30厘米/秒，出现在冷水团的外缘等温线密集之处。

这个冷水团的存在，对黄海、渤海甚至东海的捕捞和养殖都有极大的影响。因为冷水团能在夏季保证一定深度的海水处在相对低温、高盐的状态，这个水温非常适合虾夷扇贝、海参等深海养殖作物的生长，同时对附近洄游鱼类的洄游路线也有极大影响。

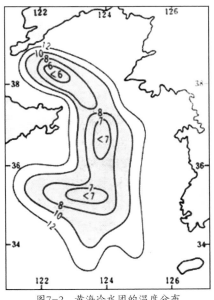

图7-2　黄海冷水团的温度分布

二、黄海冷水团的利用

黄海低温水的利用具有很高热效率：例如，1米³水体从20米深处提到表面，要用0.2度电，而1米³水体温度升高20℃，却要耗费20度电。耗电率只有1%。因此，具有广阔利用前景：

1. 提供夏季空调的冷源水

随着人们生活的提高，对生活质量的要求也越来越高，其中夏季室内降温（空调）已经成为城市人群生活的一部分，尤其对沿海旅游城市而言，空调已经成为办公区、度假区、酒店不可或缺的东西。山东半岛许多中等城市（烟台、威海、荣成等）距离冷水团最近，例如，成山头外面距离陆地200米的底层水温度就是10℃；威海市距12℃等温线只有1千米，距10℃等温

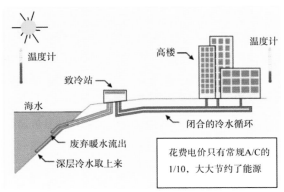

图7-3　用冷海水做中央空调
（引自：侍茂崇《蓝色的能量》，2015）

线30千米，距9℃等温线50千米。大连市的外面就是10℃等温线。山东半岛和辽东半岛利用这些低温水具有广阔前景。据国外学者估算，用低温海水做空调，耗费电量只有常规的1/10（见图7-3）。其实，在低温海水空调方面，大连、青岛等都已经进行了有益尝试，现今未普及的原因主要是技术方面的限制，但是随着技术难题的攻克以及政策的支持，海水空调有可能普及，这不仅可以有效缓解夏季供电系统的压力，而且也利于节能减排，实现绿色、可持续发展。

2. 用于冷水养殖高经济鱼类

海洋水产品是人类动物蛋白质的重要来源，在保障国家粮食安全方面具有不可替代的作用。海洋一直是保障粮食和营养安全的重要领域，居民对海洋水产品提供的蛋白质和热量的需求呈现出稳定增长的态势，尤其是进入21世纪以来，海水养殖业产量的增加量占水产品总量增加量的比例接近九成，海水养殖产品已成为人类水产品需求增加的主要供给渠道。目前，中国近岸海水养殖已经饱和，基于现有近岸养殖面积，海洋水产品产量很难有较大提高，需要进一步拓展海水养殖空间。因此，离岸养殖成为海洋渔业空间拓展的必然选择。

基于此，为了拓展蓝色经济发展的战略空间，中国海洋大学韩立民教授主持的国家社科基金重大项目"我国海洋事业发展中的'蓝色粮仓'战略研究"认为，以黄海冷水团养殖开发为切入点，建设国家离岸海水养殖试验区，集中开展科技攻关和产业扶持，有利于在离岸海洋空间培育形成海洋新兴产业，实现海水养殖从近岸向离岸的跨越式突破，推动海洋渔业结构与空间优化，增强海洋的粮食安全保障能力。

综合考虑资源、环境、市场、成本等因素，黄海冷水团所在海域具备进行养殖试点的基本条件。以黄海冷水团开发为切入点建设国家离岸海水养殖试验区，有望率先培育形成离岸海水养殖新兴产业。黄海冷水团的开发将实现中国离岸海洋冷水鱼类养殖的突破，有助于拓展中国海水养殖业的战略空间，推动海水鱼类养殖产业跨越式发展，加快中国离岸深水养殖业的发展，经济效益和生态效益十分显著。

日前，以中国海洋大学董双林教授为核心的科研团队培育的三文鱼苗已在岚山区万泽丰海洋牧场试养成功,标志着黄海冷水团三文鱼养殖项目取得阶段性成果。预计半年内国人吃上本土三文鱼的梦想将变成现实。

（3）用于温差发电

前面提到，温差能可以用来发电。在深海区，要取得低温水，需要400米以上管道，它面临风暴浪的袭击和破坏都比黄海高。在黄海只要40～50米的管道就能将低温水取上，节省9/10的管道，就将大大降低投资的费用。

当然，黄海的水面表层水温不高，而且受气候、季节的影响而变化，其水面与深层冷水团之间在夏季最高也只有20℃左右的温差热，要利用它发电，实用意义较小。何况冬季深浅层的温差近于零，甚至几个月中都为负值，则更无利用的可能性。但是，在黄海及辽东半岛南端和山东半岛滨海陆地，太阳能年日照时数有2600～3000小时，年辐射量在130千卡/厘米^{2}左右，有比较好的太阳能资源，值得利用。如果我们在这些地区用集热器收集太阳热，代替温度不高的水面热水，作为加热源，再用稳定而低温的冷水团作为冷源，就可利用这两者的温差热，建立太阳热发电厂。即使我们降低对集热温度的要求，只用100～300℃的温度，电厂装置的上下工作温差仍可高达70℃甚至几百度，大大地解决了海水温差发电的主要缺点。而这时又可以发挥海洋的优势，广阔深邃的海域和广大的水滨海滩可供太阳热发电所需的承光面积，和安装集热器、蓄热器和热交换器等庞大设备的空间和地面。这种低中温集热器在技术上易行，在经济上又有较大的实用意义。它们的只作单轴跟踪或不跟踪的承光反射镜，或"固定"式的集热器，可以装在浮筏上，在水面上作水平的浮动跟踪，同时海中的孤岛、礁峰、山岩或滨海陆地的堤坝、山峰既可作为浮筏的定位，在需要时又可依其地势安装集热接收器，以缩减装置的承光面积、跟踪设备和接收塔，降低对它们的技术要求，从而有可能较大地降低投资、材料和能耗，而又能增加集热装置对太阳能的利用效率，联合深水冷水团作冷源，仍可保证适当的

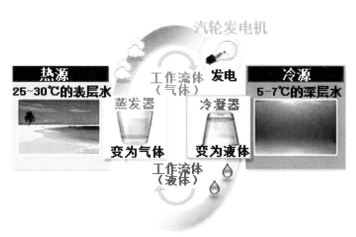

图7-4　温差能发电示意图

装置热效率。黄海沿岸大陆又为电力负荷紧张地区，输电距离不远。这样可以避免单一太阳热发电的缺点和困难，便于建立大功率的或较多的中、小型功率的这种太阳热发电装置，达到大量利用免费可再生能源的目的。在经济上和开发新能源上都有重大的实际效益。可见，如果我们能拟定适当的有利的热力循环，将冷水团的深水温差热与太阳热联合起来利用，就可发挥我国突出的近海水文特征和地区太阳能的优势，在风浪并不大的黄海及其附近建立电厂，充分利用这两种能源的优点，而它们的缺点又可以由其中另一个能源的优点来减轻甚至避免，以解决纯温差热发电和纯太阳热发电的主要缺点。

根据以上论述，可以看出利用黄海深层冷水团作为太阳热电厂的冷源后，具有诸多的优点。在今后的实施中，建议现在日照条件比较好、附近又有工业、矿业、渔业基地的黄海冷水团北方近陆岛屿（如大连东南方的迁岩至樟子岛南端一带的岛屿）和冷水团西方的近陆（如山东威海市、成山角至石岛一带的沿岸海涂和岛屿）附近海面，先选点建立小型试验台，开展局部设备和装置的试验研究，取得经验后，进而再进行定型设计，成批生产设备，组装装置，以便在这15万平方公里以上的冷水团海域及其附近海域和沿岸，建立较多的中小型、最后甚至大型的这种太阳热电厂供电，热电联供，或生产氢和氧，发挥地区优势，最大地利用这巨大而免费的清洁能源，以达开发新能源节约矿物燃料并避免污染环境的目的。这样，在黄海冷水团核心区可以利用建厂的海域面积，也大大超过普尔修[①]中所需的太阳热电厂的承光面积，不仅可以解决黄海及其附近地区和岛屿的能源紧张状态，甚至进一步可以发展成为我国主要的能源基地之一。不过，在能源的综合开发可用的同时，必须保证舰船所需的安全航道，重视资源的综合利用和地区的生态平衡。

4. 用做海水淡化的凝结冷源以及工业冷却水的冷源

纵观蒸馏法技术进步历程，无论何种蒸馏法都必须满足三个条件：一是热源，二是冷源，三是热源到冷源的水蒸气通道。例如自然界的海水淡化，就是以太阳光照在海面转化成热量，水受热蒸发为水蒸气，随气流上升到高空遇冷凝结成水落回地面来实现的。只要寻找到一种有热源和冷源的热机，并设置热源到冷源的水蒸气通道，就是理想的海水淡化装置。

---

① 1974年T.OHTA提出在热带海域里，利用太阳能发电，电解海水成氢和氧，用氢作为巨大能源的大型利用太阳能的计划——Plan of Ocean Raft System for Hydrogen Economy，简称普尔修PORSHE。

在工业用水中，冷却用水占有较大比例，因此，找寻合适的冷却水源也是工业上需要解决的问题。

在我国华北地区，沿海热电厂以及核电厂星罗棋布。在我国滨海电厂及滨海核电厂中，考虑到节水问题以及靠近大海的便捷性，大多采用直流排水系统，即抽取海洋的自然水体对电厂进行冷凝，然后把经电厂高温加热的水——温排水，直接排放到受纳水体中。近几十年来，随着国家工业的迅速发展，能源需求也越发旺盛，核电厂的建设不断增多，电厂的装机容量不断扩大，冷却水排放也就越来越多。由于电厂产生的热量巨大，只有一部分被用来产生电能，约占1/3，而大部分热量都将由冷却水带走，这部分能量将使温排水温度大大高于自然水体，温排水进入受纳水体后，会使受纳水体温度升高。如果环境水温升高不超出海洋生物生长的适宜温度范围，则会促进海洋生物的生长和繁殖。若温升超过海洋生物生长的适宜温度范围，海洋生物生长将受到抑制或损害。有研究表明：电厂温排水一般会使受纳水体的自然水温升高7～10℃。该高温水直接或者间接地对水生态环境产生影响，称为热影响（Thermal Effect）。越来越多观测结果表明，电厂的冷却水、夏季高于环境水7～10℃的热水直接排入海，会对环境产生显著的影响，已经成为影响海洋环境和生态稳定的主要因素之一。中国近海是高生产力区，也是生态脆弱区。随着近海养殖大量发展，工厂排污急剧增多，建港水域不断扩大，油轮吨位持续增加。这些诸多原因导致近海环境不断恶化。加大近海环境保护力度，已成为举国共识。正当此时，电厂尤其是核电厂的选址不断增加，温排水量随之增多。毫无疑问，温排水会使当前不断恶化的环境雪上加霜。温排水对生态环境的直接影响是温升和余氯。环境保护部门，要求电厂的选址，既要重视经济效益，也要重视环境效益。把温排水对环境生态影响放在首位，特别是4℃等温线控制（超过4℃就是热污染），不能进入海洋环境保护区和农渔业区，否则项目很难获得批准，更难取得当地群众认可。美国佛罗里达州的比斯坎湾一座核电站排放的循环冷却水使周围水域的水温升高了8℃，造成1.5千米海域内的一切生物消失，是世界热污染例子中使人永远不能忘怀的伤痛。

因此，如果采用黄海冷水团作为冷源，进行海水淡化和工业冷却用水，不仅有效提供了低温水，同时由于黄海冷水团和表层海水之间的巨大温差（20℃）可使冷却后的海水温升与受纳海域相比差别幅度较小，从而降低产生热污染的风险。

第二节　京津冀地区
"发电—海水淡化—制盐及盐化工"一体化经济

一、京津冀基本状况

京津冀是我国的"首都圈"，包括北京市、天津市以及河北省的保定、唐山、廊坊、石家庄、秦皇岛、张家口、承德、沧州、邯郸、邢台、衡水等11个地级市。其中北京、天津、保定、廊坊为中部核心功能区，京津保地区将率先联动。随着京津冀区域经济的快速发展以及它的特殊地理位置（处于环渤海地区和东北亚的核心重要区域），越来越引起国家乃至整个世界的瞩目。2007年，出台《京津冀都市圈区域规划》，形成以北京、天津和滨海新区为轴，以京津冀为核心，以辽宁和辽东半岛为两翼的环渤海区域经济大格局。2015年7月，中共北京市委十一届七次全会通过北京市委、市政府关于贯彻《京津冀协同发展纲要》的意见；9月10日，京津冀三省市司法行政厅（局）在北京市司法局签署"1+4"合作协议；12月8日，国家发改委联合交通运输部通报了《京津冀协同发展交通一体化规划》。

京津冀都市圈占地183704平方公里，占全国总面积的1.9%，人口7605.13万人，占全国总人口的比重为5.79%。京津冀整体定位是"以首都为核心的世界级城市群、区域整体协同发展改革引领区、全国创新驱动经济增长新引擎、生态修复环境改善示范区"。三省市定位分别为：北京市是"全国政治中心、文化中心、国际交往中心、科技创新中心"；天津市是"全国先进制造研发基地、北方国际航运核心区、金融创新运营示

图7-5　京津冀行政区域示意图

范区、改革开放先行区";河北省是"全国现代商贸物流重要基地、产业转型升级试验区、新型城镇化与城乡统筹示范区、京津冀生态环境支撑区"。

在区域未来发展中,水资源成为最核心的生态性问题。当前区域的水资源承载能力超过警戒线,对于工农业生产造成的不利风险比以往更加突出。京津冀大部分位于海河流域,该地区近50年来由于农业发展、城镇发展、兴修大型水库蓄水、气候变化等原因大量开采地下水和截蓄地表水,致使该地区地下水位持续下降、漏斗面积不断增加,地表河流干涸、断流,地表湖泊不断退化萎缩。受自然气候条件变化和区域水资源消耗,区域的水资源量已由20世纪50年代末的280亿~290亿米³减少到21世纪初的140亿~150亿米³,区域的人均水资源量不足300米³/年,是全国平均水平的1/7;同时由于过度的超采浅层、深层地下水,北京市自2008年至今10年期间平原区地下水平均埋深从11.9米下降到24.9米,年均下降1.1米。如中国北方最大的浅碟式淡水湖泊白洋淀已经出现退化趋势并出现干淀危机,上游补给的唐河等河道已经多年断水。水系对区域生态的调解能力大为下降,并造成土地沙化现象、城市热岛效应、雨岛效应频发。而同时随着城镇建设用地面积逐步扩大,生态基础设施与市政基础设施不足,特大城市地区又面临较为严重的内涝问题。区域性缺水和城镇地区水害相并存的怪相困扰该区发展。

二、京津冀淡水资源紧缺解决之路——海水淡化

如何有效解决淡水短缺问题已经成为京津冀经济社会健康稳定发展的重要任务之一。其实,在京津冀环渤海地区并不缺少水资源,真正短缺的仅仅是淡水资源,而咸水资源却相对丰富。海水资源,也是水资源的一种,在广袤的海洋中,海水是取之不尽、用之不竭的,这就给海水淡化产业提供了发展空间。在京津冀环渤海地区,综合考虑其气候特征、海水水质等多方面因素,同时,鉴于该区域拥有较多电厂,例如华润曹妃甸电厂、北疆电厂和天津大港电厂等,在该区域,可以利用发电厂大量低品质蒸汽进行海水淡化,这将有效地提供资源的利用效率,是该区域进行海水淡化的首选方法。为此,大力发展一次能源利用效率高、制水成本相对较低的"发电—海水淡化"相结合的海水淡化产业,向海洋要淡水,提高该区域淡水总量,是濒临渤海湾的京津冀地区解决淡水资源短缺问题的必然选择。

在京津冀环渤海地区,为解决淡水资源短缺问题,同时为了提高电厂一

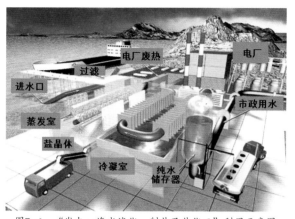

图7-6　"发电—海水淡化—制盐及盐化工"利用示意图

次能源的利用效率，京津冀环渤海缺水地区广泛推广了"发电—海水淡化"相结合的海水淡化产业，该措施将海水淡化和发电产业有效地结合，使该地区产业链形成横向扩展。例如天津大港，其位于天津市东南部，渤海之滨，安装了四台意大利进口的328.5MW发电机组，装机总容量1314MW，是国家电力公司特大型发电企业、华北电网主力。如今业务范围包括供水管理，海水和苦咸水淡化，工程服务，城市污、废水处理，利用海水先后开发了纯净水、矿化水、果汁饮料等系列产品。

　　虽然"发电—海水淡化"体系在一定程度上缓解了京津冀淡水短缺的问题，但是该体系并不是完美无瑕的，其所面临的主要问题之一就是海水淡化后的废液——浓盐水问题。海水淡化排放浓盐水的盐度约为天然海水的两倍，但是，在某些海域由于蒸发速率高和淡水汇入量小，加上核电站海水淡化的浓盐水排放，导致部分地区的海水盐度远远超出了自然平均值。浓盐水的排放导致海洋盐度的增加，而且在半封闭海域海水更新速度慢，使得盐度分布不均。过高的盐度对一些耐盐性差的海洋生物可能是致命的，并且长期的高盐度与盐度分布不均，可能会引起海洋生物的物种组成与分布的改变。

　　对高盐水而言，从海洋水文学角度来看，具有密度大的特性，其进入海洋后因密度大而容易下沉到较深层海洋，引起上下层海水的混合。高盐水的这种高密性也将阻碍深层水和上层水的交换，而温盐改变易产生梯度流，从而影响水动力环境。从海洋生态环境的角度来看，由于海洋中的生物要保持体液与周围渗透压的平衡，而浓盐水的排放则改变了环境盐度，造成渗透压的改变，这极易降低生物的繁殖力，甚至使部分生物死亡。特别是底栖生物，由于没有足够的移栖能力，受浓盐水的影响最大。此外，由于浓盐水本身的温度也要比环境水温略高，因此对生物的产卵、繁殖及生理机能有着重要影响，而且浓盐水的注入使得海洋的浊度变大，植物的光合作用受抑制，而其自身携带的营养盐则会使某种浮游植物的某个种群爆发性增长，从而降低了生态多样性，不利于生态系统的稳定。

作为我国的内海，渤海海水交换能力较差，浓盐水的排放没有很好地稀释，必将造成渤海湾地区海水盐度的增加。大力发展海水淡化，无论是利用蒸汽热量淡化海水还是反渗透法淡化海水，每生产1米^{3}淡水就将有1米^{3}浓盐水需要排放，若大量的浓盐水全部排入渤海，必将给渤海湾地区带来严重的生态和环境影响。为此如何解决海水淡化后的浓盐水排放问题成为这一地区发展海水淡化产业的首要难题。经过大量科学实验研究表明，在京津冀环渤海地区解决浓盐水排放问题的唯一有效途径就是将浓盐水综合利用。即把浓盐水引入当地大型海盐生产场，替代普通海水作为盐场的生产原料，从而提出了一个全新的产业链条，即"发电—海水淡化—制盐及盐化工"一体化的生产模式。

三、"发电—海水淡化—制盐及盐化工"一体化经济

国内外几十年的生产实践表明，与发电厂相结合的热法海水淡化技术属于成熟技术，是切实可行的，而且经济效益较好。这一综合利用技术能否可行的关键点就是海水淡化后的浓盐水能否用于制盐及盐化工的生产。虽然海水淡化后产生的浓盐水浓度是普通海水的两倍，但是海水淡化生产过程中需要向海水中添加一些药剂，如杀生剂、絮凝剂、阻垢剂等，这些药品添加剂对制盐及盐化产品是否存在影响，还需要进行分析论证。国内外现有的的理论研究及生产实践表明，用浓盐水制盐及盐化产品是可行的。

从"发电—海水淡化—制盐及盐化工"综合利用技术的产业流程来看，前半段即发电厂与海水淡化厂相结合的产业模式，大家已经熟知，并且也已经有成功事例。海水淡化厂充分利用电厂的低品质蒸汽为热源，这样既提高了发电厂的热效率，又降低了海水淡化厂的生产成本，是双方面的互惠互利。而该综合利用技术的后段，即海水淡化厂与海盐场相结合的产业模式对大家来说是新事物。那么用浓盐水制盐及盐化产品对海盐场来说有什么独特的优越性呢？

一方面，利用浓盐水制盐及盐化产品在大幅提高原盐产量的同时，也节省了大量的土地资源。海水淡化之后的浓盐水，正常情况下盐度是普通海水的两倍，与普通海水蒸发制得这一浓度的卤水比较，可节省制卤面积的2/3。以河北省南堡盐场为例，若该场全部采用海水淡化后的浓盐水制盐，在现有270千米^{2}生产面积不变的情况下，原盐产量将从现在的188万吨提高到350万吨，可间接节省滩田面积200千米^2。

另一方面，利用浓盐水制盐及盐化产品还可以节约能源，节省投资。海盐生产场直接使用浓盐水制盐，可不再使用纳潮站纳入普通海水，也减少了大量泥沙的带入，盐场每年可节省大量电力和人工清理淤泥的工作量。还以河北省南堡盐场为例，该场纳潮站年用电1500万度以上，按电价0.70元/度计算，一年可节约电费1050万元。该场纳入的普通海水中含沙量为1.7%，年纳入海水总量为2亿米^3，也就是说该场每年要清理淤泥340万米^3，这需要投入相当大的人力、财力以及机械设备才能完成这项工作，这无形中也增加了制盐的成本。最后，利用浓盐水，也保证了制盐母液供应的充足性，为盐化工的发展壮大提供了可靠的保证。对海盐生产场来说，在生产面积不变的前提下，以浓盐水为生产原料后，能产生更多的制盐母液，为后续的盐化工生产提供了充足的原料。再以河北省南堡盐场为例，若该场全部采用海水淡化后的浓盐水制盐，制盐母液将达到每年350万米^3，盐化产品工业氯化钾的产量将达到每年4.5万吨，工业溴产量将达每年1.35万吨，硫酸镁产量达每年9万吨，氯化镁产量将达每年45万吨。综上所述，海水淡化厂与盐场相结合的产业模式，对海水淡化厂与盐场双方来说也是互惠互利的好事，一方面海水淡化后的废液——浓盐水得到了有效处理，不仅解除了发展海水淡化产业的后顾之忧，也进一步降低了海水淡化的成本；另一方面盐场利用浓盐水之后，制盐及盐化工生产也得到了极大的发展。由此可见，"发电—海水淡化—制盐及盐化工"一体化产业模式，是一个大的循环经济产业链条，这一综合利用技术有着无与伦比的优越性。

由于"发电—海水淡化—制盐及盐化工"综合利用技术是近些年在我国京津冀环渤海地区开发出的新技术，推广该技术的主要难点是发电厂、海水淡化厂、盐场三者在地理位置上的有机结合，也就是说大型电厂及海水淡化厂的位置要离盐场较近，否则大量浓盐水的远距离输送必将限制这一技术的推广。而京津冀环渤海地区是我国北方重要的海盐生产基地，现有河北省南堡盐场、河北省大清河盐场、河北省黄骅盐场、天津塘沽盐场、天津汉沽盐场，这五个大型海盐场的存在为这一综合利用技术的推广提供了广阔的发展空间。目前这一技术还主要处在开发建设阶段，只有天津大港电厂海水淡化后的浓盐水已用于天津塘沽盐场的制盐及盐化工生产。当前处在开发建设阶段的项目有：华润曹妃甸电厂的40万吨/天海水淡化项目拟与河北省南堡盐场合作；天津北疆电厂的20万吨/天海水淡化项目拟与天津汉沽盐场合作；华润黄骅电厂的5万吨/天海水淡化项目拟与河北省黄骅盐场合作。

就京津冀地区而言，北疆电厂"发电—海水淡化—制盐及盐化工"体系建设比较好。北疆电厂成立于2004年3月，是我国目前最大的低温多效海水淡化工程。一期工程建设2×1000MW发电机组和20万吨/日海水淡化装置，于2007年5月10日获得国家发改委核准，2010年竣工投产。北疆电厂二期工程于2017年秋季顺利完成验收并投入生产，其电、热、水、盐一体化循环经济发展示范项目在海水淡化技术、制盐方式、盐化工链条延伸等环节做进一步的改进和提升，提高资源利用效率，使生态效益更加突出，对区域经济发展带动作用也更加明显，北疆循环经济发展模式得到进一步提升和完善。它采用当今世界上最先进的高参数、大容量、高效率、低污染的"超超临界发电技术"，建设4台100万千瓦的清洁燃煤发电机组，这也是百万千瓦等级的超超临界机组在我国首次使用。同时，还将配备漫滩取水、海水冷却塔等一系列高新技术设施。北疆发电厂采用"发电—海水淡化—浓海水制盐—土地节约整理—废物资源化再利用模式"，国家发改委宏观经济研究院经过评审认为，该项目符合循环经济的"3R"原则，即减量化、再利用、再循环的要求，是一个资源利用最大化，废物排放最小化，经济效益最优化的典型的循环经济项目和生态工程。该项目建成投产后，预计年新增发电量110亿千瓦·时；增加原盐产量45万吨/年，相当于节约22平方公里盐田用地；生产溴素、氯化钾、氯化镁、硫酸镁等市场紧缺的化工产品约6万吨/年；此外通过电厂粉煤灰综合利用，可以消化天津化工厂产出的电石废渣，有效改善汉沽区环境。

当前，国家正在大力倡导"发电—海水淡化—制盐及盐化工"综合利用技术等符合国家当前的产业政策，其中海水淡化工程、浓盐水综合利用工程均被国家列为今后重点发展项目，可见这一综合利用技术必将在京津冀环渤海地区发展壮大起来，这一绿色循环经济产业链条也必将为这一地区的经济发展提供强有力的保证。

第三节　山东半岛地下卤水资源开发利用

一、山东地下卤水资源概况

地下卤水是指含有多种工业原料，矿化度大于50克/升，即5° Be′以上的地下水，地下卤水富含Na, K, Ca, Mg, Cl, Br, B, I, Sr, Li, Ba等几十种化学元素，是盐化工业的主要原料，是一种天然的液体矿产资源，主要用于提取原盐和溴素，部分用于提取氯化镁和氯化钾。

我国含有丰富的地下水卤水资源，利用卤水进行汲卤、制盐的历史最早可以追溯到秦朝时期，对于卤水的开发利用久负盛名。卤水除了可以用来提取食盐、工业用盐外，往往还含有丰富的 I，K，Li 等微量元素，工农业生产、国防及一些高新技术领域的研究、生产所需要的许多原料均可从卤水中提取得到。同时地下卤水一般温度要高于其他地下水体，储存有巨大的热能，在开发利用地下卤水的同时，对于其中储存的热能进行利用所产生的经济、社会效益也相当可观。地下水是元素迁移、富集的载体，对于天然气、石油及其他矿床的赋存分布特征具有指示意义，对于地下卤水赋存特征及成因机理的研究可为这些矿产资源勘探、查找提供大量的参考资料。

山东省位于中国东部沿海、黄河下游，东部的胶东半岛伸入黄海和渤海之间，与辽东半岛隔海相望，内陆自北而南分别与河北、河南、安徽、江苏四省相邻，辖17个地级市，137个县级单位（市辖区、县级市、县）。山东省交通发达，已形成了较完善的陆海空交通体系，全省公路通车里程近7万公里，形成了以济南为中心的高速公路网络，京沪、京九铁路纵贯境内，胶济、兖石铁路横跨东西，沿海有港口近30处，港口密度居全国之首。

山东省环渤海和胶州湾沿岸分布有丰富的卤水资源，已建成多处盐场并投入生产，取得了巨大的经济效益，为山东经济的发展发挥了重要作用。山东省地下卤水资源是滨海平原第四系孔隙卤水矿带的一部分，呈条带状主要分布在环渤海湾沿岸黄河三角洲平原区的无棣、沾化、垦利、东营区、广饶和莱州湾南岸平原区的寿光、寒亭、昌邑、莱州，在胶州湾西北岸也有分布。

表7-1　卤水分布面积统计

卤水浓度（°Be'）	项目	5~7	7~10	>10	合计
黄河三角洲平原	面积（km²）	1014.22	303.43	85.74	1403.39
	百分比	72.3	21.6	6.1	100.0
莱州湾南岸平原区	面积（km²）	323.54	524.48	663.46	1511.48
	百分比	21.4	34.7	43.9	100.0
胶州湾港区	面积（km²）	88.04	—	—	88.04
	百分比	100.0	—	—	100.0
合计	面积（km²）	1426.00	827.91	749.20	3003.11
	百分比	47.5	27.6	24.9	100.0

目前，卤水资源的开采主要集中在莱州湾南岸的寿光市、寒亭区、昌邑市、莱州市，黄河三角洲的沾化县、东营区和广饶县，开采利用的均是埋藏深度在100米以上的卤水资源，主要用于提取原盐和溴素，部分用于提取氯化镁和氯化钾。卤水资源的开发利用方式有"卤水—溴素—原盐""卤水—溴素—原盐—苦卤回收—盐化工产品"等，但在开发利用过程中存在综合利用率低、过量开采等问题，造成资源浪费，导致卤水浓度降低，产生了地下卤水降落漏斗和生态污染等环境地质问题。

据不完全统计，2008年山东省全区共有生产原盐和溴素的矿山企业228个，全年开采地下卤水约31697万米^3/年，年生产原盐约809.9万吨，溴素约7.95万吨。调查表明生产1吨溴素平均需要用7° Be′以上的卤水4500米^3，生产1吨原盐平均用7° Be′以上卤水16米^3。卤水资源的开采主要集中在蒸发量较大的3~5月和9~11月，6~8月和12月至次年2月为原盐生产淡季。各盐场均采用潜水泵抽取地下卤水，通过输水沟渠和管道送往晒盐池，卤水井深度在黄河三角洲平原的沾化地区约40米，在东营地区约70米，在莱州湾南岸地区大多为75~85米，最深达94米，单井出水量平均7~9米^3/时，最大25米^3/时。盐场收盐基本实现了机械化，降低了劳动强度，提高了盐的产量。

二、山东卤水资源形成原因

（一）黄河三角洲区域卤水资源形成原因

黄河三角洲是中国境内沉积时期最晚的陆地，轴点位于东营市的垦利县境内的宁海镇，海拔最大在15米以下，北面与套尔河口相邻，南部以淄脉河口为界，西部以东营市利津县为顶点，向东呈扇形散开。现代黄河三角洲主要是指自1855年以后由黄河中的河流泥沙淤积而成的三角形冲积扇，面积广阔达5450千米^2。黄河三角洲拥有优越的地理位置，蕴藏着丰富的卤水资源，深层卤水资源分布范围广，储藏量大，具有巨大的开发潜力。黄河三角洲地区的深层地下卤水中NaCl以及溴等微量元素的浓度非常高，提取容易。因此，高效开发利用黄河三角洲深层地下卤水资源，在很大程度上可以提高周边地区经济、社会发展水平，为当地工业生产提供丰富的工业原料，促进黄河三角洲地区经济可持续发展。

黄河三角洲平原的地下卤水主要分布在无棣县、沾化县、东营区、垦利县、广饶县等地，在大地构造单元上属华北板块（I级）、华北拗陷区（山东

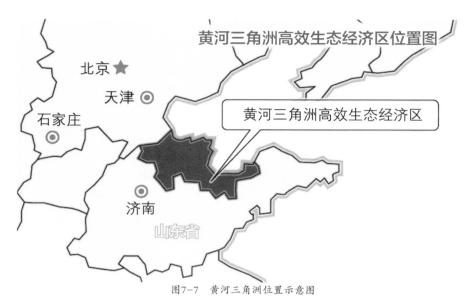

黄河三角洲高效生态经济区位置图

北京 ★

天津 ◎

石家庄 ◎

黄河三角洲高效生态经济区

济南 ◎

山东省

图7-7 黄河三角洲位置示意图

部分）（Ⅱ级）、济阳拗陷区（Ⅲ级）（表7-2），济阳拗陷区为一种新生代以来周边被深大断裂围限的负向地质构造单元，其西、西北部为惠民拗陷（Ⅳ级）和埕子口—宁津隆起（Ⅳ级），东、东北部为沾化—车镇拗陷（Ⅳ级）和东营拗陷（Ⅳ级），具有西南收敛、东北渐散开的旋扭构造特征，在济阳拗陷区内部由于若干基底断裂分割，形成了凹陷（Ⅴ级）与凸起（Ⅴ级）相间排列的构造格局。矿区范围内的凸起与凹陷自北向南主要有埕子口凸起、车镇凹陷、义和庄凸起、沾化凹陷、陈家庄—青坨子凸起、东营凹陷、广饶凸起等。

表7-2 黄河三角洲平原区地下卤水矿区构造单元简表

Ⅰ级	Ⅱ级	Ⅲ级	Ⅳ级	Ⅴ级
华北板块	华北拗陷区	济阳拗陷区	惠民拗陷	埕子口凸起、车镇凹陷、沾化凹陷、义和庄凸起、陈家庄—青坨子凸起、东营凹陷、广饶凸起等
			埕子口—宁津隆起	
			沾化—车镇拗陷	
			东营拗陷	

就目前的研究而言，黄河三角洲深层卤水形成的原因有以下几点：

1. 压力场演化与深层卤水形成的关系

东营凹陷地层压力系统在纵向分布上具有明显的分带分布的特点，埋深小于2200米的地层为正常压力系统，最大压力系数小于1.2。该深度以下至

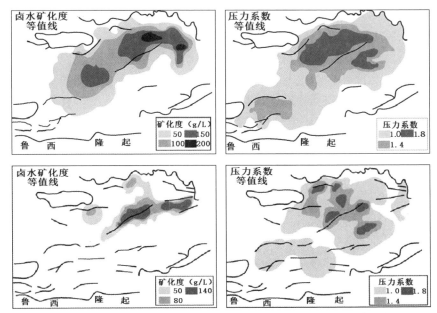

图7-8 沙河街组四段（上）和三段（下）卤水矿化度等值线与压力系数等值线对比图
（引自：侯玉松《黄河三角洲深层卤水赋存特征及成因机理研究》，2014）

4500米深处地层发育有超压系统，压力系数大于1.2且随地层埋藏深度的增大而增大，最高可达1.99。4500米以下地层为常压系统。

在平面分布上，东营凹陷沙河街组三段、沙河街组四段的压力系统表现出明显的不均衡性，在不同凹陷内不同区域压力系数变化幅度较大，超压系统的发育程度存在较大差别，总体趋势为北部超压系统发育程度高于南部缓坡带，东部超压系统发育程度高于西部地区，这主要是受本区分区块断的构造特征的影响。

受构造运动活跃程度周期变化及地层抬升与下陷交替出现的影响，东营凹陷超压系统的形成与压力释放也呈现出间隔出现的特点。在沙河街组四段沉积时期，地层压力为常压系统，地层为开放的水文地质环境，在距今35万～38万年间，凹陷内沉积形成沙河街组三段地层，超压系统开始发育，但规模较小。

地区压力场的特征及演化过程会影响地下水动力场的演化，还会影响地下水与外界联系的密切程度，进而影响地下水化学成分特征及其分布特征，把沙三段、沙四段卤水等值线图与沙三段、沙四段压力系数等值线图进行对比，可以发现二者在平面分布上有高度的一致性（见图7-8）。

压力场演化的不同时期，由于断裂的开启和压力场的分布的变化，影响了地层水的运移，进而影响卤水的形成和现在的分布特征。在沙河街组四段沉积时期，东营凹陷超压系统还没发育，水文地质环境较为开放，为水文地质旋回的地表水入渗补给阶段，该时期地层水水化学成分的形成主要是受到沉积环境和地表水、大气降水入渗的影响。沙河街组三段沉积期，受构造运动、沉积环境及物源丰富的影响，地层沉积的速率及地层厚度均大增，产生压实作用，而且东营组沉积时期沙河街组三段、沙河街组四段开始生油，引起超压流体释放，且从东营凹陷纵向分布特征看，沙河街组四段的压力系数明显大于沙河街组三段，在构造运动影响下贯穿于两个地层间的断裂带开启时，沙河街组四段的卤水就沿着开启的断裂越流补给沙河街组三段，并与沙河街组三段原生沉积埋藏水混合，在压力系统的作用下向四周扩散，这使得沙三段地层水矿化度值增大，所以导致沙三段卤水高值区在平面上分布在中央断裂带附近。沙二段至东营组沉积时期，沙三段地层开始出现超压现象，水文地质环境变为封闭的水文地质环境，地层水与外部的水力联系变弱，而且从超压系统发育过程来看，沙河街组四段的超压程度减小，压力系数减小，进一步说明受下部地层超压作用的影响，沙河街组四段地层水沿开启性较好的断裂带越流至上覆地层，下部地层压力释放、减小；从压力系统演过程表明，在东营组沉积末期，沙三、四段的超压系统已经连为一体，其内部地层水受外界水体渗入的影响非常弱，在超压作用下，沙三、四段卤水会继续沿断裂带周期性的向上运移。东营组地层沉积末期发生的东营运动，使得东营凹陷整体抬升，地层遭受剥蚀、断裂带走滑开启，下部地层压力释放，超压程度降低，位于浅部地区压力系统一直为常压的沙河街组二段得到下伏地层水上涌越流补给，在凹陷边缘部位水化学特征也证明地层水遭受了大气降水、地表水的入渗，从而造成在凹陷的边缘部位无卤水分布。随着后续地层的沉积，沙河街组三段、沙河街组四段再次发育超压系统，由于上覆地层厚度增加和封闭的水文地质环境，从而使得大气降水、地表水的入渗无法到达沙河街组三段、沙河街组四段，使相应地层的卤水得到了很好的保存，其成分的形成与变化，不再受外界水体的影响，而仅仅取决于岩层内部水岩相互作用和超压系统内水体的周期性运移。

　　综上所述，东营凹陷压力系统的分布特征及演化过程均对卤水的分布特征及形成有较大影响。在沙三段沉积时期，沙四段开始发育超压系统，这一方面使得沙四段高矿化度的卤水免受地表水、大气降水入渗淡化，一方面使得沙四段高矿化度的卤水沿周期性开启的断裂带上涌运移到沙三段，使沙三段在断裂带附近地层水的矿化度升高，成为卤水矿化度相对高值区。沙二段至东营组沉积时期，沙三段开始发育超压系统，至东营组沉积末期，沙三段、沙四段已经发育的超压系统已经成为一个整体，作为整体的超压系统内部的水文地球化学环境是封闭的，同样使得内部形成的卤水得到较好的保存，同时沿断裂带继续上涌。在东营组沉积末期整个凹陷的抬升作用使得地层压力降低，从而导致在洼陷的边缘地区的地层水遭受淡化，馆陶组至平原组沉积时期，沙三、四段含卤水岩层再次形成超压，水文地球化学环境为封闭的环境，为卤水提供了良好的保存条件。

2. 动力场演化与深层卤水形成的关系

受东营凹陷分区块断构造特点的影响，凹陷内地层沉积、压力系统分布均有区域发展不均衡、分区分布的特征，在次级洼陷地区，地层沉积厚度大，下部地层承受的上覆地层压力大，形成压力高值区，在压力驱动下，地层水从洼陷中心以离心流的形式向洼陷边缘地区排驱，地层压力沿地层水流动方向呈环状减小。在凹陷边缘地区，由于地层埋藏深度小，地层遭受剥蚀，断裂构造发育，地层内无超压系统发育，地层水接受大气降水和地表水的入渗补给，并在重力作用下，从地形较高的边缘地区以向心流的形式向洼陷中心流动。在离心流、向心流交界的地区，由于受到两个方向上的径流补给，地下水沿断裂带向上越流排泄。

东营凹陷地下水动力场的分布特征对地下水化学场的分布具有较大影响，向心流发育区域，地下水的主要补给来源是同生沉积埋藏水在压实作用下排出的水，排出水初始浓度取决于其沉积环境及地层岩性，在干旱环境下、沉积地层可溶性岩盐的同生沉积埋藏水排出后初始浓度一般较高，而在湿润气候沉积的同生沉积埋藏水浓度较低。在压实排出后，排出水在离心排驱的过程中溶解沿途岩层中易溶盐类，矿化度升高；而在向心流发育区域，由于渗入的大气水、地表水的矿化度要比地层水的矿化度小得多，所以在该区域往往引起地层水的稀释，地层水矿化度降低；处于二者交界处的越流排泄区，从两个方向带来大量的盐分，而水分又通过越流蒸发不断排泄，所以在该区地层水矿化度一般较高。大气降水入渗稀释的强度和影响范围主要取决于地层构造开启程度、大气降水地表水入渗强度等。平面上，离心流与向心流对称分布，在沉积地层厚度较大的洼陷中心泥岩压实排水向洼陷边缘流动，为离心流区域；洼陷边缘地区，地表水入渗后向洼陷中心流动，为向心流分布区；越流排泄区则主要分布在凹陷南北部断裂带地区及中央断裂带地区。

东营凹陷地层水的外界补给源，主要是从南北两个方向流入盆地的大气降水和地表河流，且在不同时期，入渗强度存在明显的差别，受到区域构造运动特征的影响，在构造运动以地层抬升作用为主，断裂活动比较活跃的构造期，外界补给源的影响比较大，对于东营凹陷，外界补给源入渗补给地层水，将地层水稀释淡化在东营组地层沉积末期强度最大，影响范围最广，凹陷边缘地区、埋深较浅开启性较好的断裂带附近的地层水矿化度降低。在馆陶组、明化镇组地层沉积以后，上覆地层厚度逐渐增大，地表水大气降水入渗难以到达下部地层，对下部地层水的稀释作用基本消失，现在东营凹陷地层水的运移主要为因压实排水产生的离心流，向心流基本消失。对于岩层沉积相，压实排水形成的离心流主要分布于水下沉积的湖相泥岩分布地区。

由于水文地质条件及压力场演化均具有旋回性的特点，东营凹陷地下水动力场的发育也是按阶段发育的。孔店组、沙河街组四段沉积时期，为古新世—中始新世水文地质旋回的岩层压实排水阶段，该时期地下水运移以离心流为主，在沙河街组四段沉积末期受构造运动以地层抬升为主的影响，使得地下水动力场由以离心流为主转为以向心流为主。从沙河街组三段开始到东营组沉积时期，为凹陷的晚始新世—渐新世水文地质旋回，在沙河街组沉积到东营组沉积早期，凹陷内地层水的运移以离心流为主，但与上一水文地质旋回离心流不同的是，该时期的离心流的流向不是由各洼陷中心向边缘流动，而是以沿断裂带向上运移为主，东营组沉积后期向心流发育阶段，大气水入渗补给强度明显增大。馆陶组、明化镇组地层沉积时期，为东营凹陷新近纪—第四纪水文地质旋回，受下部地层生油作用影响，下部地层第二次发育超压系统，地层水运移以离心流为主，流向垂向、侧向均有。

另外，随着上覆地层厚度的不断增大，地下水离心流、向心流强度均大幅度减弱甚至消失，所以在局部区域深层地下水流动非常微弱甚至完全停滞。

该区的地下水动力场的特征及演化过程，影响了相应时期地层水的赋存及埋藏条件，对其演化过程进行分析，可从动力场的角度解释现今含卤水岩层卤水的分布规律及水化学特征分布规律。

在古新世—中始新世水文地质旋回中，在孔店组、沙河街四段沉积时期，地层水运移以离心流为主，在流向上，以从凹陷中心向凹陷边缘地区的侧向为主，使得在该时期干旱条件下形成的高矿化度同生沉积水被很好地保存下来，同时由于离心流的作用使得在凹陷中心处的矿化度进一步升高，从凹陷中心向边缘地区逐渐降低。在沙四上亚段沉积末期，济阳运动波及研究区全区，使得地层抬升，本水文地质旋回压榨水阶段结束进入大气水渗入阶段，主要由大气水入渗补给并由凹陷边缘向凹陷中心形成向心流，使得沙四上亚段的卤水在很大程度上被稀释，造成沙四上亚段卤水分布范围与沙四下亚段卤水的分布范围相比减小，而且矿化度也比沙四下亚段减小很多。

在晚始新世—渐新世水文地质旋回即沙河街组三段—东营组沉积时期，由于下层地层的生油烃作用和欠压实排水作用，使得下部地层发育有超压系统，同时由于东营期断裂活动剧烈，发育有大量的断层，成为沟通下部沙四段地层水和上部地层水的良好通道，在二者共同作用下，沙四段高矿化度的卤水沿开启性好的断裂带上涌，越流补给上覆地层，使得地层水的运移方向不再以侧向运移为主，而是以垂向运移为主，从而使得沙三、沙二段地层水矿化度升高，并且主要沿中央断裂带分布。

同时，东营运动使得东营凹陷整体抬升，上覆地层遭受剥蚀，大气降水入渗较为发育，入渗水与常压地层中的地层水发生交替作用，使得相应地层的地层水在很大程度上被稀释。从而造成沙二段虽然沉积时期气候干旱，同生沉积水矿化度较高，但是卤水主要分布中央断裂带附近，范围非常有限，且矿化度较低。

（二）莱州湾南岸地下卤水形成原因

莱州湾南岸海岸带是我国典型的淤积—粉沙质海岸，地势低平而淤泥质滩涂广阔。该沿岸地区在第四纪地质时期特殊的冰川气候与频繁的海侵—海退环境影响下形成了得天独厚的卤水矿资源，是我国沿海最大的地下卤水矿区。

滨海海岸带地下卤水在沿海岸线方向卤水的浓度分布极不均：在垂直海岸线方向，地下卤水浓度分布有明显的分带性。根据中国盐业总公司等单位对莱州湾南岸一些盐田的勘探资料，该区地下卤水由海到陆方向可分为近岸低浓度带，远岸低浓度带和中间高浓度带三个带。

近岸低浓度带，又称现代卤水生成带，是潮汐作用频繁地带，宽4~8千米，地面高度1.7米以下，浓度一般低于10° Be'。中间高浓度带：属高潮位能波及的地区。中心连线距海岸10~15千米，宽5~10千米，地面高程1.7~3.9米，浓度一般在10° Be'以上，为主要的卤水开采区。远岸低浓度带：又称地下卤水淡化带，潮汐不能波及的地区。其范围在5° Be'等值线以内，宽5~10千米。卤水浓度为5° Be'~16.5° Be'，在水平方向上和垂直方向上，具有一定的分带特征。

东西水平方向上：卤水浓度最高的地方是寒亭区白浪河往东至昌邑市龙

池镇北部盐场一带，卤水浓度平均值为10.4° Be'；在此区域往两边，卤水的浓度逐渐降低，其中向东昌邑市卤水浓度平均值为9.6° Be'；向西寿光市（包括海化区）卤水浓度平均值为9.7° Be'基本呈对称状，具透镜体的特征。在垂直方向上：卤水浓度最高是从28～55米的垂直区间中，卤水浓度10～16.5° Be'；往上、往下浓度依次降低。

南北水平方向上：卤水浓度从南往北至海平面呈现出三种浓度变化趋势，从卤水南部界线起往北，卤水浓度为5～9.5° Be'；中间卤水浓度为10～16.5° Be'；往北直到海岸，卤水浓度为7～11° Be'，从南往北，卤水浓度呈现出低—高—低的分布规律。

根据现有的研究，关于第四纪滨海相地下卤水生成模式，主要可以分为潮滩生卤模式和冰冻生卤假说。

潮滩生卤模式：蒸发作用形成卤水的条件可以归纳为有利于海水浓缩的气候，有利于生卤的封闭及半封闭浅海湾和宽广的海岸潮滩地貌以及不断供给的海水来源。其过程可以归结为潮滩沉积物中残留海水。在退潮期间通过强烈的水气界面蒸发和毛细管蒸腾作用，海水浓缩当超咸海水密度大于正常海水密度时，超咸海水下渗，储存于更深部的沉积物中，涨潮时新的海水又给予补充，如此周而复始，不断蒸发、浓缩、下渗，最终便在潮滩沉积物中聚集超咸卤水。

潮滩生卤模式可归纳为海水—潮滩—蒸发浓缩—下渗聚集—海退埋藏—继续浓缩+化学作用+生物作用—地下卤水。

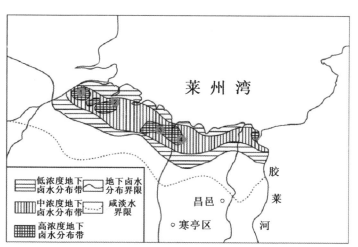

图7-9 莱州湾南岸地下卤水分布图，1卫东盐场；2羊口盐场；3岔河盐场；4滩北盐场
（改自：韩有松等《中国北方沿海第四季地下卤水》，1996）

冰冻生卤假说："冰冻成卤"过程受地理环境的严格限制，在我国渤海区域，晚第四纪古环境演变过程中，曾几度提供了这种环境条件。晚更新世气候变化剧烈，由初期的温暖变为中期的寒冷，至晚期又有偏暖波动。至晚更新世末期，气候再度寒冷，造成了洋面大幅度下降，海岸标高曾达到-150米。这一事件对我国东海大陆架产生了深刻的影响：我国大陆架大部分裸露于水面之上，晚更新世末寒冷的气候，提供了冰冻作用形成地下卤水的气候条件，并且裸露水面的渤海陆架平原提供了冰冻成卤的有利的场所。冰盛期海退时期，由于原海底地形差异而形成的残留海湾和咸水湖，成为低海面时期地下卤水生成的海水来源。海水结冰及冰水流失的是水，留下的是盐分，比重大的卤水有可能被沉降到咸水湖的下部，甚至渗漏到湖底的沉积物中，或者水平迁移到盆地周边的松散沉积物中富集起来。另外，由于渤海陆架区处在古冬季风的通道上，温度比同纬度的其他地区要低得多，在海面降低的过程中，北方的永冻层范围在不断向南推进，甚至海水尚未退出渤海、黄海时，永冻层已经占据着该陆架区，水深较浅的内陆架区，有可能更早被冻结起来。海退后留下来的海相地层，除由于风力吹扬作用而部分发生解体之外，未发生解体的海相地层，就成为永冻层的分布区。当海相地层结冰时，析出的冰体，淡水被排出。经多次重复后，地层中的淡水成分不断消耗，使海相地层的盐分得以保存，不断地浓缩而成为地下卤水。

晚更新世以来，本区所处的滨海平原经历的三次大规模的海侵，形成三个大的沉积旋回：距今7万～11万年的晚更新世早期为里斯—玉木间冰期，发生第一次海侵，本地称之为"羊口海侵"，与渤海湾西岸的"沧州海侵"相对应；第二次大规模的海侵当地称之为"广饶海侵"，与"献县海侵"是同时代的产物，发生在距今2.4万～4万年的晚更新世中期的玉木亚间冰期；最后一次是发生在玉木冰期的"垦利海侵"，对应渤海湾西岸的"黄骅海侵"。

这三次海侵，当时海水所淹没的陆地在漫长的时间里沉积了较厚的海侵

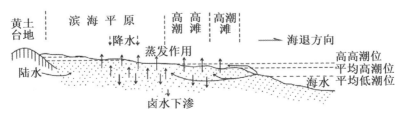

图7-10　现代海岸潮滩生卤模式示意图
（改自：韩有松等《中国北方沿海第四季地下卤水》，1996）

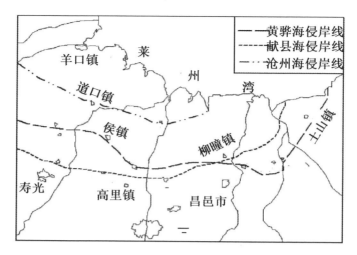

图7-11　莱州湾南岸晚更新世以来三次海侵岸线的分布
（改自：韩有松等《中国北方沿海第四季地下卤水》，1996）

层，在地势低洼的古泻湖、洼地以及储水砂层中储藏了大量的古海水。冰期海退之后，海侵层又重新接受陆相沉积，地下埋藏古海水经过漫长时期的蒸发、浓缩，最后成为地下埋藏卤水，即在本区的北部埋藏的大量的高浓度卤水体。潜水卤水层浓度具有从陆到海的分带现象，近陆侧为中、低浓度带（浓度大于5° Be'），近海侧为中等浓度带（浓度大于10° Be'），二者之间为高浓度卤水区带（浓度大于12° Be'），在高浓度带内，常出现大于15° Be'的特高浓度富积块，成为一个个小型聚卤盆地。在卤水带的向陆一侧，分布着矿化度低于50克/升（5° Be'）的呈条带状的地下咸水体，咸水体与淡水含水层直接接触，形成一个由动力弥散和分子扩散作用形成的接触过渡带。通过前人关于海水蒸发和冰冻试验的数据初步认为莱州湾南岸滨海相第四纪地下卤水是由地质历史时期的海水经过蒸发浓缩、下渗富集和埋藏变质等过程所形成。

卤水的形成时期，海水为沉积海水提供了物质来源。在间冰期的海侵期间气候温热，冰期的海退期间气候干冷，这种气候由湿热至干冷变化，使海水在退去过程中，在潮间带进行的强烈的蒸发作用，使之浓缩成为高浓度海水，浓缩海水在密度差的作用下向地下深部运移。因此，气候特点为海水浓缩形成提供了条件。间冰期的海侵期间，形成海积层；间冰期结束后的海退期间，陆相沉积物将海积层覆盖，而河流搬运力在海积层地带减弱，沉积物为粉细砂和黏土。随着海积层被覆盖，含卤层被逐渐埋藏起来，为卤水保存提供了条件。

三、卤水资源的利用模式及展望

（一）卤水开发利用模式

根据卤水被从地下开采出来后的用途分，卤水的开采模式有卤水—原盐、卤水—溴素—原盐、卤水—溴素—原盐—苦卤回收—产品等类别。

1. 卤水—原盐—排放

这种方式就是将卤水通过潜水泵等提水工具提取上来以后，通过输水渠或管道送往盐池晒制原盐，晒完盐后的苦卤空排入海。

2. 卤水—溴素—原盐—排放

这种方式就是将卤水通过潜水泵等提水工具提取上来以后，通过输水渠或管道先输送到溴素厂附近的储卤库，通过空气吹出法或蒸馏法提取溴素后，将提溴尾水再通过输水渠或管道送往与溴素厂配套的盐池晒制原盐，晒完盐后的苦卤最后空排入海。

3. 卤水—溴素—原盐—苦卤回收—产品—排放

这种方式是在卤水—溴素—原盐开发利用方式的基础上，对晒盐后的苦卤加以回收，送往相应的盐化工厂提取盐化工产品。

根据山东地区地下卤水的水化学特征，对照以上三种卤水资源开发利用方式工艺流程，我们可以看出，卤水—溴素—排放方式只开发利用了卤水中的氯化钠，这一方式现已基本被淘汰；卤水—溴素—原盐—排放方式开发利用了卤水中的氯化钠和溴素；卤水—溴素—原盐—苦卤回收—产品—排放方式不仅开发利用了卤水中的氯化钠和溴素，而且还充分利用了卤水中的氯化钾、氯化镁、硫酸钙等有益组分，做到了最大限度地开发利用卤水资源，是最合理的开发利用方式，其产生的经济效益也最大。

从以上可以看出，如果按照卤水—溴素—原盐—苦卤回收—盐化工产品—排放方式开发利用卤水，将全部卤水回收利用，其创造的经济效益相对目前创造的经济效益大得多。

（二）推广"井滩晒盐"

我国开发利用地下卤水资源历史悠久，但长期以来一直作为"海滩晒盐"的辅助方式存在，中华人民共和国成立后，随着科学技术的不断进步，"井滩晒盐"的优势逐步突显出来。

"海滩晒盐"是利用海水为原料，在海岸滩涂上晒盐。接触海水的含盐量一般为32.5‰～35‰，浓度在3.0° Be'左右，其中NaCl绝对含量最高为27克

/升。海滩晒盐利用低浓度海水，需要占用大面积土地进行蒸发制卤，结晶区有效生产面积则很小，中国北方盐区蒸发制卤区与结晶区面积之比，一般为16：1～20：1。从海水纳入盐田到出盐，流程周期长，生产效率低，相应生产成本高，劳动生产效率低。海盐生产利用低浓度海水，受生产工艺、技术条件、设备、管理及自然因素影响等诸多因素制约，造成海滩晒盐本身的局限性，生产效率增长潜力有限。

"井滩晒盐"则不同于"海滩晒盐"，原料不用海水，而是打井提取地下卤水，地下卤水浓度最低为5° Be'，一般在10° Be' 左右，高者为14～18° Be'，比海水高2～6倍。NaCl含量在40～100克/升，所以利用高浓度地下卤水晒盐，将大大减少蒸发制卤面积。根据以往资料，莱州湾盐田利用10° Be'地下卤水，滩田蒸/结比仅为2.0：1～2.5：1；青岛盐区利用6° Be'卤水，蒸结比可降低到10:1以下，减少蒸发面积50%～80%。地下卤水埋藏浅，打井提水方便，所以建场生产成本大幅度降低，生产效率可提高到1.5吨～3.5吨/（100米^2·年），为海滩晒盐的2～5倍。卤水浓度高，制盐流程周期短，不仅提高劳动生产效率，而且对雨天保卤，促进生产极为有利。地下卤水晒盐节省下来的滩田，用于海水养殖又是一项不错的收益。

实践证明，开发地下卤水资源比利用海水晒盐经济效益显著。

四、卤水资源的可持续利用问题探讨

资源可持续利用作为社会可持续发展系统的一个子系统，其可持续性将直接决定着一个国家或地区的经济实力和发展潜力。资源可持续利用是指在一定的科学技术和自然环境条件下，资源作为生产要素在质和量上对社会进步、经济发展和环境保护的支持或保证能力，是指资源在时间（代内与代际间）和空间（区际间）上合理配置，使人类对资源的开发利用的质量有所提高，从而满足人类社会发展所必需的物质基础。这既是资源可持续利用的目标，又能反映了资源可持续的勘查、开发、利用和保护的过程。它是由资源、经济、社会（含人口）和环境所构成的反映资源可持续利用状态、水平、趋势和能力的复杂系统。

目前的研究普遍认为，资源可持续发展要实现三个转变：

一是从资源型经济模式转变为生态型经济模式。要想改变以资源高消耗、高污染、高排放为特征的资源型经济模式为生态型经济模式，就必须选择减少物质资源消耗的方式。

二是从高耗能型经济模式转变为节能型经济模式。通过发展循环经济，探索节能和能源替代的途径和方法，改变这种高耗能的状况。

三是从非环境优化型经济模式转变为环境优化型经济模式。通过产业结构调整，积极发展低污染和低排放的资源综合利用项目，同时积极探索垃圾处理的新办法，尽可能实现垃圾的资源化。

据此，山东区域卤水资源可持续发展的基本原则应主要包括：

（1）与自然海岸滩涂湿地和谐共处原则。按照可持续发展的要求，积极进行产业结构的调整和传统产业的技术改造，大幅度提高卤水资源利用效率，减少污染物产生和对滩涂湿地环境的压力。区内盐化工循环经济建设应充分考虑当地的海岸带生态环境容量，调整进入生态敏感区的企业，最大限度地降低企业经济发展对环境造成的影响。

（2）生态效率原则。强化生态理念，突出区域优势。根据盐化工所处滨海地理位置，依托丰富的地下卤水资源和浅海滩涂资源优势，以盐、碱、溴系列产品为主导，加大科技投入，大力发展海洋产品精深加工，扶持发展海洋水产养殖业，形成独具特色的海洋生态化工和海水养殖基地和发展海岸滩涂湿地盐生植物，使整个规划过程体现着浓郁的生态化建设和运营理念。

（3）先进的高技术、高效益原则。大力采用现代化生物技术、生态技术、节能技术、节水技术、再循环技术和信息技术，大力推动循环经济和规范生产过程管理和环境管理，要求经济效益和环境效益实现最佳平衡，实现双赢。

后记

海洋是生命的摇篮，其总面积约为3.6亿平方公里，约占地球表面积的71%，平均水深约3800米。海洋中含有十三亿五千多万立方千米的水，约占地球上总水量的97%，而可用于人类饮用只占2%。对人类而言，海洋具有十分巨大的开发潜力。仅以海水资源为例，海水水资源的利用、海水化学资源的利用以及海水海洋能源的利用都具有非常广阔的前景。

水是人类赖以生存的基础，尤其是工业革命之后，随着工业的迅速发展和全球人口的增长，如何保证人类的正常用水和工业化经济用水的需求，已经成为各个国家竞相努力和研究的方向。海洋拥有巨量的水体，开展海水淡化无疑为全世界各国带来了福音。

海水化学资源是一类重要的海洋资源，海水中含有80多种元素，每立方千米海水含有3500万吨固体物质，其中大部分是有用元素，总价值约1亿美元，可见海水是巨大的液体矿物资源。海盐、溴素、锂盐、镁盐是其中的四大主体要素，而且它们也是世界各国国民经济发展的重要的基础化工原料；铀、氘、锂、碘是其中的四大微量元素，也是21世纪的重要战略物资。随着地球资源的日益匮乏，从20世纪60年代开始，海洋资源的开发和利用就受到世界各国的重视，"向海洋进军"已经不仅仅是一个口号，而已经成为全球大趋势。

海洋被认为是地球上最后的资源宝库，也被称为能量之海。海洋能源是海水本身所具有的自然能量，包括海水运动的动能(波浪能、潮流能)，海水的热能（温差能），海水的化学能（盐度差能）等。这些都属于可再生能源，占据地球表面积71%的海洋，是一个超级巨大的太阳能接受体和存储器，在太阳存在的时代，海洋能就是可再生的，永不枯竭的。

面对淡水短缺问题以及海水丰富的化学资源及海洋能源，人类为了解决自身生存的危机，逐渐开始向海洋进军，开发利用海洋已经成为人类社会发展的必然趋势。海水是宝贵的水资源，加强对海水（包括苦咸水）资源的开发利用，是解决沿海和西部苦咸水地区淡水危机和资源短缺问题的重要措施，是实现国民经济可持续发展战略的重要保证。作为生命不可缺少的淡水，海水淡化是开发新水源、解决沿海地区淡水资源紧缺的重要途径。海水直接利用，是直接替代淡水、解决沿海地区淡水资源紧缺的重要措施。海水化学资源综合利用，是形成产业链、实现资源综合利用和社会可持续发展的体现。利用海水淡化、海水冷却排放的浓缩海水，开展海水化学资源综合利用，形成海水淡化、海水冷却和海水化学资源综合利用产业链，是实现资源综合利用和社会可持续发展的根本体现。海水海洋能源的开发利用，是实现沿海地区经济增长与环境保护的必然选择。海水资源开发利用，是实现沿海地区水资源可持续利用的发展方向。

我国水资源严重短缺，人均占有量约为世界人均的1/4，是世界上21个严重缺水国家之一。特别是我国的东部沿海地区，既是我国的经济发达地区，又是非常缺水的地区，从北方的大连、天津、青岛一直到南方的上海、宁波、厦门，人均淡水拥有量均距离联合国所颁布的人均水标准相差甚远。水资源供需矛盾在一定程度上影响了东部地区的经济和社会发展。根据《联合国海洋法公约》的规定，在广袤的海洋中，我国有数百万平方公里的管辖海域。此外，中国大洋协会于2001年获得东太平洋多金属结核勘探矿区、2011年获得西南印度洋多金属硫化物勘探矿区、2013年获得西太平洋富钴结壳勘探矿区和2017年获得东太平洋克拉里昂–克利帕顿断裂区多金属结核保留区。至今，我国已成为在国际海底区域拥有最多具有资源专属勘探权和优先采矿权的国家。这些"蓝色国土"是我国巨大的资源宝库，能长期提供60%左右的水产品、20%以上的石油和天然气、约70%的原盐、足够的金属，每年还可为几亿人口的沿海城镇提供丰富的工业用水和生活用水。

就目前而言，我国海水利用虽然起步较早，且是世界上少数几个掌握海水淡化先进技术的国家之一，但我国海水利用缺乏联合机制，存在规模小、发展慢、市场竞争力不强等问题。海水利用及其技术装备生产相对分散和独立，因而技术攻关能力弱，低水平重复引进、研制多，科研与生产脱节现象严重。这是影响海水利用技术产业发展，特别是影响海水综合利用发展的一个突出问题。

造成这些问题的原因是多样的，首先就是我们对海水利用的重要性认识不足。长期重陆轻海，没有把海水作为水资源来看待，更没有把利用海水作为优化沿海地区水资源结构的重要措施。从主观上也缺乏积极利用海水的意识，对海水利用取得的效益宣传不够，海水利用知识普及不够。其次是缺乏统筹规划和宏观指导。再次是缺乏鼓励海水利用的激励政策和法规规定，如缺乏类似自来水、公益性水利工程等具体扶持、鼓励政策措施，而海水淡化完全按成本核算，影响了地方和企业的积极性；缺少对沿海用水大户使用海水的刚性定额或法定要求等，使得一开始就靠市场行为发展的海水利用受到很大影响，从而制约了产业发展。还有就是资金投入不足，特别是在产业领域投入严重不足，规模示范不够，缺乏技术持续创新作为支撑，国产化率有待提高。最后就是我国水资源开发利用市场机制不完善，导致水的价格与价值背离，使人们认为海水淡化水价格过高。

因此，在今后的产业发展中，在国家战略及意识层面，应从战略高度充分认识海水利用的重大现实和深远的历史意义，确立海水是水资源的战略观念，加快研究制定有利于海水利用的水资源发展战略；在法律和标准建设方面，应该加快海水利用立法步伐，建立健全法规体系，推进依法管理，加快建立海水利用法律法规和标准体系；在国家政策方面，应研究制定鼓励海水利用的财税政策，也应该在政策层面对海水资源的开发利用进行积极引导和规划，避免进行重复工作和无用工作，积极引导企业和科研力量相结合，根据实际生产需求开展科学研究，最大限度的发挥科研的生产力，并利用政府投资对海水利用重大项目建设给予适当支持，形成可靠的海水利用和替代淡水资源的能力。总体而言，建设国家级海水资源开发利用综合示范区和产业化基地，强化海水资源开发利用装备研发和生产基础，培育我国具有自主知识产权的海水淡化、海水直接利用和海水资源综合利用以及海洋能开发利用技术、装备和产品体系，是推动我国海水资源开发利用朝阳产业形成、发展、成为我国沿海地区的第二水源、化学资源宝库和超大容量"发电站"，并走向世界的重要保障。

"路漫漫其修远兮，吾将上下而求索"。海水资源的开发利用并不是一朝一夕可以攻克的难题，但在一代代人的努力下，她将逐步收起锋芒，为人类所用，造福人间。

参考文献

[1]侍茂崇. 蓝色的能量——话说海洋动力资源[M]. 广州：广东经济出版社，2014.

[2]侯纯扬. 中国近海海洋——海水资源开发利用[M]. 北京：海洋出版社，2012.

[3]王传崑. 海洋能资源分析方法及能量评估[M]. 北京：海洋出版社，2009.

[4]惠绍棠，阮国岭，于开录. 海水淡化与循环经济[M]. 天津：天津人民出版社，2005.

[5]高从堦. 海水淡化及海水与苦咸水利用发展建议[M]. 北京：高等教育出版社，2007.

[6]日本海水协会. 海洋的科学工业[M]. 东京：东海大学出版社，1994.

[7]杨新亮. 海王之国——先秦齐国海洋文明考论[D]. 青岛：中国海洋大学，2012.

[8]侯勇，王桂华. 海水淡化技术现状与发展[J]. 吉林电力，2011，39（1）：7-10.

[9]王俊红，高乃云，范玉柱，等. 海水淡化的发展及应用[J]. 工业水处理，2008，28（5）：6-9.

[10]董泉玉，郑涛. 日本电渗析技术的最新发展[J]. 水处理技术，2002，28（4）：190-192.

[11]阮国岭. 海水淡化及其在电厂中的应用[J]. 电力设备，2006，7（9）：1-5.

[12]谭水文，谭斌，王琪. 中国海水淡化工程进展[J]. 水处理技术，2007，33（1）：1-3.

[13]王静，刘淑静，侯纯扬，等. 我国海水淡化产业发展模式建议研究[J]. 中国软科学，2013（12）：24-31.

[14]张海春，范会生，陆阿定. 新能源海水淡化技术应用进展及其在舟山的现状分析[J]. 水处理技术，2010，36（10）：23-24.

[15]顾世显. 海洋能源的开发利用[J]. 节能，1988（4）：45-47.

[16]K El Omari，J P Dumas. Flow around a spherical nodule during its crystallization [J]. International Journal Heat and Technology，2003，21（2）：175-182.

[17]刘鹤守. 海洋能源开发及其在我国的前景[J]. 海洋工程，1983（2）：1-2.

[18]刘美琴，仲颖，等. 海流能利用技术研究进展与展望[J]. 可再生能源，2009，27（5）：78-82.

[19]周洪军. 我国海水利用业发展现状与问题研究[J]. 海洋信息，2009（4）：19-23.

[20]籍国东，姜兆春，赵丽辉，等. 海水利用及其影响因素分析[J]. 地理研究，1999（2）：80-87.

[21]韩杨. 我国发展海水利用产业的背景与布局条件研究[D]. 大连：辽宁师范大学，2007.

[22]朱庆平，史晓明，詹红丽，等. 我国海水利用现状、问题及发展对策研究[J]. 中国水利，2012（21）：30-33.

[23]袁俊生，纪志永，陈建新. 海水化学资源利用技术的进展[J]. 化学工业与工程，2010（2）：110-116.

[24]沈明球，周玲，郝玉. 我国海水综合利用现状及发展趋势研究[J]. 海洋开发与管理，2010（7）：23-27.

[25]屈强，刘淑静．海水利用技术发展现状与趋势[J]．海洋开发与管理，2010（7）：20-22．

[26]海水利用联合调研组．关于积极发展我国海水利用的几点建议[J]．水利发展研究，2011（9）：1-5；13．

[27]詹红丽，邵奎兴，李宗璟．我国海水利用现状与展望[J]．水利经济，2013（2）：27-29；39；76．

[28]杨尚宝．我国海水利用产业发展的战略与规划[J]．中国建设信息（水工业市场），2007（8）：11-14．

[29]刘洪滨．我国海水淡化和海水直接利用事业前景的分析[J]．海洋技术，1995（4）：73-78．

[30]杜攀．影响海水淡化产业发展的两个重要因素[D]．青岛：中国海洋大学，2013．

[31]邢立谦，陈延辉．"发电—海水淡化—制盐及盐化工"技术发展展望[J]．盐业与化工，2012（3）：1-3．

[32]郝晓地，李会海．海水淡化+风能发电+盐业化工——三位一体的清洁生产技术[J]．节能与环保，2006（10）：25-28．

[33]洪逮吉．用黄海冷水团作冷源建立低中温的太阳热电厂[J]．海洋工程，1984（3）：69-77．

[34]张国罡．海水脱硫系统对燃煤电厂直流供水冷却系统的影响分析[J]．机电信息，2015（27）：118-119．

[35]熊日华．露点蒸发海水淡化技术研究[D]．天津：天津大学，2004．

[36]雒芸芸．黄河三角洲深层卤水资源可持续开发利用研究[D]．济南：济南大学，2014．

[37]冯守涛，谭现锋，刘刚．山东省地下卤水资源开采潜力分析[J]．山东国土资源，2013，29（9）：69-73．

[38]许颖．黄河三角洲地下卤水资源分布规律及综合开发利用方式研究[D]．青岛：青岛大学，2013．

[39]管延波．莱州湾南岸滨海卤水资源可持续利用研究[D]．济南：山东师范大学，2009．

[40]邹祖光，张东生，谭志容．山东省地下卤水资源及开发利用现状分析[J]．地质调查与研究，2008（3）：214-221．

[41]易乐，欧阳晔．海洋排污不容乐观——浅论海洋排污及海洋排污观[J]．四川环境，2004（1）：70-74；77．

[42]褚同金．海洋能资源开发利用[M]．北京：化学工业出版社，2005．

[43]吴治坚．新能源和可再生能源的利用[M]．北京：机械工业出版社，2006．

[44]王革华．新能源概论[M]．北京：化学工业出版社，2006．

[45]苏亚欣．新能源与可再生能源概论[M]．北京：化学工业出版社，2006．